JN078918

沖縄の
海洋環境と大気環境

金城 義勝

東京図書出版

は じ め に

　1968（昭和43）年5月6日の午前、5月2日から佐世保港に入港停泊していた米国原子力潜水艦「ソードフィッシュ（2,570トン）」の寄港中の定時港内調査を実施していた佐世保海上保安部のモニタリングボート（港内の海水や空間の放射能測定を行うための測定器類や海水、海底土等の試料採取器等を装備した放射能調査艇）が港内調査の一部で海水に平常値の10〜20倍の放射能値を検出したとの報道がなされ、専門家による原因究明がなされたが原子力潜水艦「ソードフィッシュ」からの冷却水放出と関連する科学的な根拠を確認するには至らなかった（沖縄タイムス、琉球新報、1968〈昭和43〉年5月13日）。

　当時の沖縄は米国の信託統治下にあり、1961（昭和36）年から原子力潜水艦の自由な寄港が見られていたようで、2月10日付の沖縄タイムスには写真入り原子力潜水艦サーゴがひょっこり那覇港に入港の記事が掲載されている。ところが、日本国への米国原子力潜水艦の寄港は1964（昭和39）年11月12日に「シードラゴン（2,580トン）」が佐世保港へ初入港を許可されて以来である（沖縄タイムス、琉球新報、1964〈昭和39〉年11月12日）。

　原子力潜水艦「シードラゴン」は佐世保港への初寄港に先立ち、既に1964（昭和39）年の10月31日に那覇軍港に寄港しており（沖縄タイムス、11月4日）、佐世保港への初寄港に備え11月4、5日の両日に、およそ40人の本土記者団を招待して原子力潜水艦内を公開するとともに沖縄近海で5時間から6

写真1　那覇港に寄港中の原子力潜水艦「シードラゴン」

（沖縄タイムス提供）

時間に及ぶ2日間の試乗航海を行ったようである（沖縄タイムス、琉球新報、1964〈昭和39〉年11月6日）。更に、沖縄那覇軍港での原子力潜水艦「シードラゴン」の試乗航海後の翌年、1965（昭和40）年10月5日から13日にかけて那覇港に寄港していた原子力潜水艦「パーミット（3,750トン）」が出港前日の12日に関係者やマスコミ等を招いて「サヨナラパーティー」と称して艦内を一般公開しており、艦内の撮影禁止を条件にマスコミ関係者も約2時間にわたって見学会を催したようである（沖縄タイムス、琉球新報、1965〈昭和40〉年10月13日）。

　1967（昭和42）年4月には世界初の原子力商船「サバンナ」が日本国への寄港申請をしたようであるが、事故の際の損害賠償保険の条項で日米両国間の間に意見の一致が見られず日本国内への寄港は見送られたようである（沖縄タイムス、1967〈昭和42〉年5月23日）が、10月2日には沖縄の那覇軍港へ寄港したようである（沖縄タイムス、琉球新報、1967〈昭和42〉年10月2日）。

　米国の信託統治下にあった当時の沖縄では、原子力潜水艦や原子力商船の自由な寄港風景が日常的に見られており、当然のことながら長崎県佐世保港で起きた「異常放射能測定事件」は寝耳に水のように沖縄県民にかなりのショックを与えたようである。

　このようなショックから、当時の琉球政府（現沖縄県庁）も県民世論に押され、遅まきながら原子力潜水艦が1961（昭和36）年から自由に入出港していた那覇軍港の放射能汚染調査を実施するための対応を取り始めた。

　一方、当時の時代的背景として米ソ両国の大気圏内核実験競争がある。Wikipediaの核実験一覧によれば1945（昭和20）年7月16日に人類史上初の原子爆弾実験に成功した米国は、1946年から太平洋のマーシャル諸島核実験場で種々の核爆発実験を始めた。特に1954（昭和29）年3月1日から5月16日にかけて行われたキャッスル作戦において、3月1日にビキニ環礁で行われたブラボー実験と称する水爆実験では事前に見積もられていた以上の爆発力に見舞われ、危険区域外で操業していた日本の漁船「第五福竜丸」の船員23名が放射性降下物によって汚

染され、急性放射線症候群を訴えた。片や、ソ連も1949（昭和24）年8月29日に初の核実験をカザフ共和国のセミパラチンスク核実験場で行い、1955（昭和30）年11月22日にはソ連初の水爆実験に成功した。更に、1961（昭和36）年10月30日にはツァーリ・ボンバと称し、人類史上最大の50メガトン水爆実験を北極海に位置するノヴァヤゼムリャで実施した。その核爆発は2,000km離れた場所からも確認され、衝撃波は地球を3周したようである（Wikipedia）。

　更に、中国の大気圏内核実験がウイグル自治区ロプノール実験場で1964（昭和39）年10月から盛んに行われるようになり、核分裂生成物が偏西風によって大陸から運ばれてきて放射性降下物による国内の環境汚染が問題となってきた。特に離島の多い沖縄では天水を飲料水として常用している島が多く天水のろ過飲用の指導がなされた。このような時代背景の下、著者は1969（昭和44）年12月に琉球政府厚生局（現沖縄県環境保健部）公衆衛生課に採用され放射能分室（1969年2月に設置された）に配属された。

　翌年の秋に放射能測定技術研修のため3カ月間、旧特殊法人理化学研究所（現国立研究開発法人理化学研究所）の放射線研究室で研修を受ける機会が与えられた。しかし、理化学研究所では研修受入制度がなく、研修員としての受け入れは難しいとのことで確か外部嘱託研究員の名目で受け入れていただいたようである。後程わかったことであるが、このような研修にご尽力いただいたのが当時、科学技術庁放射能課で専門職をなされていた（故）岩楯七郎放射能専門職技官であった。蛇足になるが、氏とは小生が公用で放射能課へ出張すると、わざわざ時間をさいて当時建設間もない霞が関ビルや関係機関等へ案内していただいたりして大変恐縮するとともに大変お世話になった想い出が多い方である。

　理化学研究所では初めて目にする、当時国内でも最先端のゲルマニウム半導体検出器と4,000チャンネルの波高分析器等が設置されており、やっと放射能測定器が整備された琉球政府の職場環境とは雲泥の差に気後れとともに大変なショックを覚えたものである。しかし、この期間は放射線研究室長の濱田達二先生や岡野眞治先生、及び研究室の先生方の

温かいご指導のもと、サイクロトロンを使用した実験への参加や京都大学原子炉実験所での合同観測及び旧科学技術庁放射線医学研究所（現国立研究開発法人量子科学技術研究開発機構）での環境放射能調査研修等にも参加させていただく機会まで与えられ、且つ国内の多くの環境放射能研究者の先生方と交流する機会まで得られたことは沖縄に帰ってからの著者の調査研究生活に多くのインパクトを与えた。

　2003（平成15）年3月に退職するまでの33年間にわたって、琉球政府時の旧沖縄公害衛生研究所（現沖縄県衛生環境研究所）設立時から時の移り変わりとともに環境放射能調査や大気環境調査の調査研究業務に携わって来ました。更に、県職員退職後は科学技術庁、文部科学省及び原子力規制庁の技術参与を依頼されて2015（平成27）年度まで原子力艦寄港時には放射能調査班長としての任に当たって来ました。つきましては、時代的反映をもっとも表している沖縄県二紙（沖縄タイムス・琉球新報）の記事を背景に携わってきた調査研究業務をまとめてみました。

目　次

1. 琉球政府時の放射能調査

　佐世保港での異常放射能問題を契機に県内でも原子力潜水艦の那覇港への自由寄港に対する社会不安が高まり、ガイガー測定器[注釈1]を整備していた琉球政府は米国民政府（当時は、米軍の統治機関として米国民政府の下に琉球政府、琉球立法院、琉球裁判所があった）との合同調査を1968（昭和43）年5月16日に申し入れ実施計画を立てたようであるが米国民政府との連絡調整が不十分であったらしく計画は流れたようである。しかし、喫緊に少しでも社会的不安を取り除く必要性に迫られた琉球政府厚生局（現沖縄県環境保健部）は、翌17日に那覇軍港側の対岸に当たる那覇商港側の三地点から海水を採取した（那覇港は現在でも二分割利用されており、南側のバースは米軍専用として、北側のバースは商港として利用されている）。

　海水試料の採取地点は原子力潜水艦が常時停泊する米軍専用の軍港側地点から200ないし350mの距離にある商港側であった。当初、琉球政府では原子力潜水艦の出入港の激しい那覇港一帯の海水を本土の関係機関に送って測定してもらうか、そうでなければ本土から専門家を派遣してもらって測定するなどの案を検討していたようであるが、同案に対して米国民政府側が難色を示したようで琉球政府独自で放射能調査を行ったようである（沖縄タイムス、琉球新報、1968〈昭和43〉年5月18日）。

　17日に那覇商港側の3地点で採取した海水試料は、旧琉球衛生研究所（現沖縄県衛生環境研究所）の化学室で科学技術庁編の放射能測定法[注釈2]に従って分析し、ガイガー測定装置で測定した調査結果を19日に琉球政府厚生局長（現沖縄県環境保健部長相当）が記者会見を開いて採水した海水試料の放射能値は自然放射能計数とほぼ同レベルの計数であったと発表した（沖縄タイムス、琉球新報、1968〈昭和43〉年5月19日）。更に、5月31日には那覇軍港側の原子力潜水艦が停泊する地点に最も

近い対岸の商港側の（G）バースで5月17日に採取した海底土の第二回目の記者会見を厚生局長が開き、科学技術庁編放射能測定法に従って処理しガイガー測定装置で測定した結果、海底土サンプルAが20.8カウント、サンプルBが20.3カウントと公表した。これらの計数値は、自然放射能計数値20.5カウントとほぼ同じレベルの値であり佐世保港で検出されたような異常放射能は検出されなかったと発表（沖縄タイムス、琉球新報、1968〈昭和43〉年6月1日）。

　また、当初5月16日に予定されていた那覇軍港原子力潜水艦停泊地点付近の海水、海底土の米琉合同調査を改めて6月12日から14日にかけて行うことになり、12日は参考試料として沖縄本島南東部の奥武島海岸で上層部、中層部、下層部の三つの層に分けてそれぞれ500mLの海水試料と海底土を採取。翌13日は那覇軍港に次いで米国原子力潜水艦の入出港地でもある沖縄本島中部の太平洋側に位置する旧勝連町（現うるま市）ホワイトビーチ港内で上層部、中層部、下層部の三つの層に分けてそれぞれ500mLの海水試料と海底土を採取。

　14日の那覇軍港での試料採取は、米国原子力潜水艦が常時停泊する6番バースで今までと同じ方法で上層部、中層部、下層部と三つの層から海水を採取、海底土は慎重を期して6番バースの三地点から採泥している。しかし、当時の琉球政府には放射能測定装置としてガイガー測定装置しかないため、12日から14日にかけて採取した試料等は琉球衛生研究所で一時保管し6月19日に米国アラバマ州モンゴメリーのサウスイースタン放射能衛生研究所で琉球政府厚生局職員立ち会いの下での分析、測定をするため輸送された（沖縄タイムス、琉球新報、1968〈昭和43〉年6月19日）。

　一方、沖縄原水協は原子力潜水艦の寄港地である那覇軍港やホワイトビーチにおける米琉合同放射能調査に疑問を持ち、5月21日に本土の「原潜寄港・汚染問題調査研究委員会」に現在進められている米琉合同放射能調査の科学的立場からの検討を依頼したようである（沖縄タイムス、1968〈昭和43〉年6月23日）。また、沖縄原水協は先に行われた米琉合同放射能調査で一緒にサンプル採取を申し込んだようであるが、米

国民政府の拒否にあって実現しなかったため、独自に那覇港やホワイトビーチの海水、海底土及び魚介類などを採取して本土原水協に送る計画を立てたようである。そして、5月29日に那覇軍港から極秘裏に採取したサンプルを本土の科学者で構成している放射能調査会に調査を依頼するために送ったようである（沖縄タイムス、1968〈昭和43〉年6月23日、6月29日）。

　注釈1）ガイガー測定器には、携行用（GMサーベイメータ）と実験
　　室用（GM測定装置：ガイガーミューラ・カウンターとも言う）の
　　2種類があり、1964（昭和39）年10月17日付の沖縄タイムス紙に
　　よれば、ビキニ核実験後の大気圏内核実験時の放射能問題に対処す
　　るため、琉球政府はガイガー測定装置を購入して琉球衛生研究所に
　　設置したようである。同測定器は、放射線を検出する検出管には不
　　活性のアルゴンガス等が封入されており、主にベータ線、ガンマ線
　　を検出する用途で使用される。

　注釈2）全ベータ放射能測定法による海水の分析測定は、俊鶻丸がビ
　　キニ海域調査で海水中の核分裂生成物を分析測定するために気象
　　研究所が東京大学の協力を得て開発した「鉄 ― バリウム」共沈法
　　で1957（昭和32）年に科学技術庁編として雨水、土壌、飲食物等
　　の環境中の試料を対象とした全ベータ放射能測定法として出版され
　　た。

| コラム1 | 原子力潜水艦について[1] |

　米国海軍のハイマン・G・リッコーヴァー提督の指導の下で1954（昭和29）年9月30日に世界初の原子力潜水艦「ノーチラス」SSN-571（2,980トン）が就役した。従来のディーゼル機関を動力源とした潜水艦に代わって、動力源としてウランの核分裂作用を利用した原子炉を使用しており、1955年1月3日に初めて原子力を使用しての運転に成功し、

1958（昭和33）年8月3日には潜航状態で世界初の北極点通過の偉業を成し遂げた。

　1964（昭和39）年11月12日に日本国佐世保港に初入港した「シードラゴン」SSN-584（2,580トン）は1959年12月に就役した原子力潜水艦建造6番艦で、1960年8月25日に北極点で浮上した初の潜水艦である。1968（昭和43）年5月に佐世保港での異常放射能問題を起こした「ソードフィッシュ」SSN-579（2,570トン）は原子力潜水艦建造4番艦で1958年9月に就役した。

| コラム2 | 核開発の歩み |

　1945（昭和20）年7月16日に人類初の核爆発実験が米国のニューメキシコ州で行われ、それから数週間後の8月6日に広島に、8月9日には長崎に原子爆弾が投下され核爆発によって放出された放射性物質による大気圏内汚染が始まった。また、1946年には太平洋のマーシャル諸島において史上4番目のエイブル（Able）核実験で、米国は7月1日に大型戦略爆撃機B-29により標的艦船群の上空158mで炸裂させた。7月25日の史上5番目のベーカー（Baker）実験では艦船群の中心に停泊した舟艇から水深27mまで吊り下げて爆発させたことにより、太平洋の核汚染が始まったと考えられる（「クロスロード作戦」Wikipedia）。

　一方、1949（昭和24）年8月29日にソ連初の核実験がセミパラチンスク実験場で行われ米ソ両国の核開発競争に拍車がかかった。また、1953（昭和28）年8月にソ連が最初の水素爆弾に似た熱核兵器の実験に成功したことで、米国も翌年の1954年3～5月にかけてキャッスル作戦（Operation Castle）と称しビキニ、エニウェトクの両環礁で一連の核実験を実施した。特に、3月1日のブラボー水爆実験（Castle Bravo）では予想以上の核爆発が生じ、米国の危険水域設定の狭さから1万km²以上にわたって核分裂生成物を含んだ灰が降り注ぎ、危険水域外でマグロ漁をしていた第五福竜丸が放射性降下物質による被害（死の灰）を受けたことはよく知られている。

　その後、イギリスが1952（昭和27）年にオーストラリアのモンテペル島で、フランスが1960（昭和35）年にサハラ砂漠で核爆発実験に成功し軍拡競争に入った。しかし、1962年秋のキューバ危機に端を発し1963年8月に米国、ソ連及び英国の3カ国によって部分的核実験停止条約が締結され、地下核実験を除く大気圏内、宇宙空間及び水中における核兵器実験を禁止する内容となった。なお、中国は1964（昭和39）年10月16日にウイグル自治区ロプノール湖にて初の核実験を、1967年6月17日には初の水爆実験を行い1980（昭和55）年10月16日に最後の大気圏内核実験、1996（平成8）年7月29日に最後の地下核実験を行った（「核兵器開発の歩み」Wikipedia）。

　佐伯誠道編の『環境放射能』（ソフトサイエンス社・1984）によれば、米国は1945−1962年までの間に193回（計TNT火薬換算で138.6メガトン）、ソ連は1949−1962年までの間に142回（357.5メガトン）、英国は1952−1962年までの間に21回（16.7メガトン）、フランスは1960−1974年までの間に45回（11.9メガトン）、並びに中国は1964−1980年までの間に22回（20.7メガトン）の大気圏内核爆発実験を行っている。

2．第一回米琉合同調査結果の公表

　米琉合同放射能調査結果と称して、1968（昭和43）年6月12日から14日にかけて奥武島漁港、ホワイトビーチ、那覇軍港で採取し米国アラバマ州モンゴメリーのサウスイースタン放射能衛生研究所で分析測定した試料の一部の調査結果を7月2日に、わざわざ米国民政府トップのカーペンター民政官と琉球政府松岡主席（現在では県知事に該当する）との共同発表の形で行ったようである。

　発表された試料は那覇軍港で採取した海底土で、分析結果は1kg当たり（著者注：乾燥重量と推察される）核分裂生成物のセリウム144（^{144}Ce：半減期[注釈3] 284.91日）が114±392pCi（ピコキュリー；4.2±14.5Bq：ベクレル、国内では1987〈昭和62〉年度までpCi表記とBq表記が混在している可能性があるため、両単位数値を記載する）、誘導放射性核種のコバルト60（^{60}Co：半減期5.27年）が93±89pCi（3.4±3.3Bq）で、この放射能調査結果から許容量は直接・間接を問わず健康上の危険を沖縄住民に及ぼさないことを保証するとともに、今の放射能の量は植物、魚類にも危険を及ぼすものではないと発表した（沖縄タイムス、琉球新報、1968〈昭和43〉年7月3日）。

　その後、米琉合同放射能調査の詳細な調査結果は日を改めて8月6日に琉球政府の厚生局長（現在は環境保健部長に相当する）が発表した。海水の分析結果は天然の放射能であるカリウム40（^{40}K：半減期12.48億年）のみで人工放射性物質は検出されず、参考試料として奥武島漁港で採取した海水試料はカリウム40が1L当たり212±44pCi（7.8±1.6Bq）、ホワイトビーチで採取した海水が764±83pCi（28.3±3.1Bq）、那覇港で採取した海水は366±57pCi（13.5±2.1Bq）であった。因みに、陸地からの影響を全く受けない外洋海水の場合は、1L中に約327pCi（12.1Bq、0.40g；放射能ミニ知識、カリウム40、原子力資料情報室）の天然放射能のカリウム40が含まれており、沿岸域の海水の放射能濃度は港内へ

の河川水の流入や有機物などの環境条件に左右されやすい。

　海底土の分析結果として、１kg当たり奥武島沿岸で採取した試料は核実験由来の核分裂生成物のセリウム144（^{144}Ce：半減期284.91日）が245±255pCi（9.1±9.4Bq）、天然の放射能であるカリウム40（^{40}K：半減期12.8億年）が561±561pCi（20.8±20.8Bq）、ホワイトビーチの海底土試料は核分裂生成物のセリウム144が672±370pCi（24.9±13.7Bq）、核実験由来と推察されるジルコニウム95（^{95}Zr：半減期64.02日）が104±77pCi（3.8±2.8Bq）、天然の放射能であるカリウム40が308±859pCi（11.4±31.8Bq）、那覇港の海底土試料は核分裂生成物のセリウム144が1,114±392pCi（41.3±14.5Bq）、核実験由来と推察されるセシウム137（^{137}Cs：半減期30.2年）が207±113pCi（7.7±4.2Bq）、ジルコニウム95が304±98pCi（11.2±3.6Bq）、原水爆実験の構造材や原子炉の構造材に含まれるコバルト59（^{59}Co）が中性子で放射化されることによって生成される誘導放射性核種のコバルト60（^{60}Co：半減期5.27年）が93±89pCi（3.4±3.3Bq）、天然の放射能であるカリウム40が6,990±1,007pCi（258.6±37.3Bq）、トリウム232（^{232}Th：半減期140億年）が3,306±186pCi（122.3±6.9Bq）であった（沖縄タイムス、琉球新報、1968〈昭和43〉年8月6日）。

　海底土試料の場合は、サンプリング地点の底質によって放射性物質の吸着が大きく異なる。例えば、分析結果から推察すると、奥武島の海底土試料から検出された放射性物質は核分裂生成物のセリウム144と天然の放射性核種のカリウム40の２種類だけで、しかも放射能濃度も統計誤差もほぼ同程度であることから粒度の粗い砂質試料が推察される。また、ホワイトビーチの海底土試料では核実験で放出される核分裂生成物のセリウム144及びジルコニウム95と天然の放射性核種のカリウム40の３種類で、奥武島試料に比べ核実験で放出される代表的なジルコニウム95が１種類増えただけで天然の放射性核種のカリウム40の放射能値の統計誤差も大きいことから、やはり粒度が奥武島に比べて細かい砂質の試料が推察される。一方、那覇港の試料は、核実験で放出される代表的な放射性核種であるセリウム144、ジルコニウム95、セシウム137や

原子炉構造材や核実験構造材などに中性子が当たって造られる誘導放射性核種のコバルト60、及び天然の放射性核種であるカリウム40や土壌中に含まれるトリウム232が検出されており、河川の影響を受けた粒度の細かい泥状の底質が考えられた。

注釈3）半減期

　　放射性同位元素は、放射線を放出しながら時間の経過とともに他の元素に変わっていき、だんだん放射性同位元素の放射能が減っていく。放射能強度が半分になるまでの時間を半減期と言う。

コラム3 | 放射能の単位

　従来は放射能の単位として、ラジウムの発見者であるキュリー夫人（Marie Curie）の名前に起因するCi（キュリー）の単位が使われて来た。1Ciはラジウム1gが1秒間に3.7×10^{10}個（370億個）崩壊する放射能量で単位が非常に大きく、且つ1953年の国際放射線単位委員会（ICRU：International Commission on Radiological Units）の定義で計算すると1Ciは0.976Ciとなるため、国内では1988（昭和63）年4月以降は1978（昭和53）年の決議を受けて、ウランの放射能を発見したアンリー・ベクレル（Antoine Henri Becquerel）に因んでBq（ベクレル）の単位が用いられるようになった[2]。

　因みに、1Bqとは1秒間に崩壊する原子の個数として放射能単位を表す。ベクレルとキュリーの単位の間には1Bq＝27.027pCiの関係式が成り立ち、ここでよく用いられている単位として1pCi（ピコキュリー）は1Ciの1兆分の1（10^{-12}）でμμCi（マイクロ・マイクロキュリー）とも表し1pCi：1μμCi＝0.037Bq：37mBq（ミリベクレル）となる。1Ciの10億分の1をnCi（ナノキュリー：10^{-9}）又はmμCi（ミリマイクロキュリー）とも言い、1nCi：1mμCi＝37Bqとなる。1Ciの100万分の1をμCi（マイクロキュリー）と言い、1μCi＝37,000Bq（37×10^3＝37kBq〈キロベクレル〉）となる。更に1Ciの1000分の1

をmCi（ミリキュリー）と言い、1 mCi = 37,000,000 Bq（3.7×10^6 = 37 MBq〈メガベクレル〉）となる。

　例えば、天然のカリウムには0.0117％の放射性カリウム40が存在する。100 Bqのカリウム40は毎秒100個の原子核が崩壊して放射線（ベータ線、ガンマ線）を出し安定なカルシウム40（^{40}Ca：89.3％）と不活性ガスのアルゴン40（^{40}Ar：10.7％）に変わる。

3．原潜寄港・汚染問題調査研究委員会の測定結果

　1968（昭和43）年９月８日に沖縄原水協が７月23、28日に那覇軍港・商港側から採取した海底土の放射能調査を依頼された本土の科学者で組織されている原潜寄港・汚染問題調査研究委員会（代表：三宅泰雄東京教育大学教授）から中間報告がなされた（沖縄タイムス、琉球新報）。

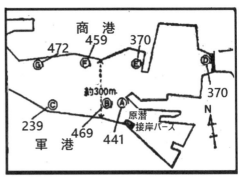

図１　那覇港海底土の Co-60 濃度分布
（沖縄タイムス紙より作図）

　立教大学原子力研究所の服部学助教授らがゲルマニウム検出器による波高分析法で調べたところ、海底土１kg（著者注：乾燥土重量と推察される）当たり440±75 pCi（16.3±2.8 Bq）のコバルト60を検出。一方、同じ地点で採った海底土を東大原子核研究所の道家忠義助教授らがヨウ化ナトリウム検出器による同時計数法で分析をしたところ、１kg 当たり310±120 pCi（11.5±4.4 Bq）のコバルト60を検出したとのことで琉球政府のみならず、本土政府にも大きなショックを与えた。新聞の見出しも一面に「原潜寄港監視・整備基準適用を検討」、即ち米原子力潜水艦の日本寄港の際は横須賀港や佐世保港並みに放射能監視体制を沖縄にも適用する方向で検討したいとの方針を外務省事務当局に指示したようである。

　しかし、外務省は一応検討を要するとの意向であるが、①米民政府と琉球政府の合同調査では、93±89 pCi（3.4±3.3 Bq）のコバルト60しか検出されておらず、今回の民間研究団体の調査とは相当な開きがある。②検出されたコバルト60が原子力潜水艦によるものかどうか未だ確認

されていない。③今回の調査でも人体への影響は明らかでない。④本土
政府が再調査による事実確認をすることは施政権の問題ばかりでなく、
米琉政府合同調査の信用を損なうとして米側に監視体制の必要を強く申
し出ることは難しく、琉球政府独自の監視体制を強化するため、11月
までに佐世保と同様の測定器が設置される見通しを述べるにとどまった
(沖縄タイムス、琉球新報、1968〈昭和43〉年9月8日)。

4．第二回米琉合同調査結果の公表

　1968（昭和43）年 9 月10日、米国民政府は去る 8 月 7 日、11日に寄港した原子力潜水艦「ガードフィッシュ」及び「スケート」の入港後と出港後に米琉合同で採取した海水・海底土を米国アラバマ州モンゴメリーのサウスイースタン放射能衛生研究所で分析した結果を二度目の米琉合同調査結果として発表した。海底土 1 kg 当たり、コバルト60の最高が215 pCi（8.0 Bq）、最低が173 pCi（6.4 Bq）で平均は194±21 pCi（7.2±0.8 Bq）であった。また、 8 月 7 日及び11日に採取した海水は共に天然放射能のカリウム40が298±124 pCi（11.0±4.6 Bq）、304±124 pCi（11.2±4.6 Bq）であり、試料から検出された放射性核種の量は、国際許容水準からはるかに下回るもので人体には影響のない量である。その裏付け説明として「日本ではコバルト60が 1 kg 当たり30万 pCi（11,100 Bq）、又はそれ以下の水中で 1 週168時間毎日勤務しても差し支えないとしており、一方、国際放射線防護委員会では、 1 kg 当たり50万 pCi（18,500 Bq）までのコバルト60が存在する水中で同様な勤務状態を認めている。このような最高許容濃度は、水、食物、大気など人体への摂取を考慮して決められた量である」と説明している（沖縄タイムス、琉球新報、1968〈昭和43〉年 9 月11日）。

　第一回・第二回にわたっての米琉合同調査結果発表での海底土からのコバルト60検出、及び本土の科学者で構成した原潜寄港・汚染問題調査研究委員会での海底土からのコバルト60が確認されたことから、那覇港は言うに及ばず、近海沿岸魚まで原子力潜水艦が排出した放射能で汚染されているのでないかと県民の間で問題となり、 9 月18日は琉球政府・厚生局の職員が放射能測定器のガイガー計数器を持参して那覇のセリ市場の魚介類を約 1 時間にわたって検査した。結果として、全く放射能は検出されなかったと発表して沈静化を図ったようである（沖縄タイムス、琉球新報、1968〈昭和43〉年 9 月18日）。

コラム４	放射性同位元素等に関する放射線障害に関する法律の制定

　放射性同位元素の使用、販売、賃貸、廃棄その他の取り扱い、放射線発生装置の使用及び放射性同位元素によって汚染された物の廃棄その他の取り扱いを規制することにより、これらによる放射線障害を防止し、公共の安全を確保することを目的として、1957（昭和32）年６月10日に「放射性同位元素等に関する放射線障害に関する法律」が制定公布され、翌1958（昭和33）年４月１日から施行された（昭和32年版「原子力白書」昭和33年12月、原子力委員会）。

　改正に当たっては国際放射線防護委員会勧告（ICRP勧告：International Commission on Radiological Protection）を検討して、その趣旨を法令に取り入れ国際的基準及び規制に合致させている。同法は職業人を対象としており、放射線を放出する同位元素の数量を定める件として1960（昭和35）年９月30日に告示され10月１日から適用されている。同法には放射性同位元素の種類と水中及び大気中の最大許容濃度が記載されている。なお、一般公衆人は職業人の10分の１を目安としている。

5. 那覇港の異常放射能をめぐってのシンポジウム

　1968（昭和43）年11月17日になって、「超異常のコバルト60検出」の文字が沖縄タイムス紙の朝刊一面の見出しを飾った。同紙面によると、16日に日本学術会議原子力特別委員会による「那覇港の異常放射能をめぐって」のシンポジウムが東京・上野の日本学術会議講堂で開かれ、9月初めに沖縄原水協に中間報告された那覇港で採取送付された海産生物試料等を含めた調査結果がまとめて発表された。ゲルマニウム半導体検出器と波高分析法による服部学助教授（立教大学原子力研究所）の調査結果によると、海底土は1 kg当たり440±75 pCi（16.3±2.8 Bq）のコバルト60を検出。ティラピア（カワスズメカ科）に66.9±13.4 pCi（2.5±0.5 Bq）、ムラサキ貝に200 pCi（7.4 Bq）と海産生物からもコバルト60を検出している。また、那覇港内で採れた他の魚やホワイトビーチの魚も調査したが、試料が不完全なこともありコバルト60は検出されなかったとしている。一方、ヨウ化ナトリウム検出器による同時計数法を用いた道家忠義助教授（東京大学原子核研究所）の調査結果では、海底土1 kg当たり200±87 pCi（7.4±3.2 Bq）から4,270±620 pCi（158.0±22.9 Bq）、また、ムラサキ貝から160±49 pCi（5.9±1.8 Bq）のコバルト60を検出している。

　因みに、4,270±620 pCi（158.0±22.9 Bq）の超異常なコバルト60を検出した海底土は、那覇軍港と商港の境目から採取した海底土で放射能が一部に沈殿したことが原因と思う、と述べるとともに全体的にこのような多量のコバルトが無いにせよ、今までの数十倍に当たるコバルトが検出されたことに自分達もビックリしていると説明したようである。更に服部学助教授の話として、5月に異常放射能事件を起こした本土の佐世保港の魚からはコバルト60は検出されなく、那覇港がかなり放射能に汚染されていることを証明している。那覇港は海が狭いうえ原子力潜水

艦の寄港回数が多いこと、本土では安全性に気を遣っているが、沖縄では野放しにされていることが原因と思われると述べたようである（沖縄タイムス、琉球新報、1968〈昭和43〉年11月17日）。

　その為、当事者である米国民政府と琉球政府との合同調査である米琉合同調査の結果に懐疑的であった沖縄県民は、16日の日本学術会議の主催する「那覇港の異常放射能をめぐってのシンポジウム」の結果に"やはり原子力潜水艦は冷却水を放出していたか"と納得すると共に、これまで発表されてきた海底土以外に魚介類からもコバルト60が検出されたことに沖縄近海は全て放射能で汚染されているのではと、またもや沖縄の水産業関係者はパニックに陥り、零細な漁業関係者の生活を脅かすほど大きな社会問題となったようである。

　1970年代は日本経済の高度成長期でもあり、同時に全国的に公害問題が新聞紙上を賑わせていた。沖縄でも相変わらず米軍基地に起因する環境問題や製糖工場及びセメント工場等からの大気汚染問題が潜在化しており、1970（昭和45）年10月には琉球衛生研究所に公害部門を新設併合して沖縄公害衛生研究所と改称すると共に琉球政府厚生局公衆衛生課の行政部門で行っていた放射能調査も公害衛生研究所に移管された。また、1972（昭和47）年5月15日の本土復帰に伴って放射能調査業務は国策として科学技術庁に移管され、国からの委託事業として沖縄県が行うようになった。

6. 本土復帰に伴う那覇港・ホワイトビーチ のバックグラウンド調査

　沖縄県の本土復帰に伴い、これまで米国民政府と琉球政府及び原水協等が断片的に行っていた那覇港とホワイトビーチの放射能調査を科学技術庁は、両港における幾何学的な調査を行う事によって両港の放射能汚染分布図を作成するために、1972（昭和47）年5月18日から24日にかけて沖縄県と合同で図2、3に示すように那覇港、ホワイトビーチの港内をマス目型に区分して海水・海底土の採取を行った。

　海水は既に横須賀港や佐世保港において米国原子潜水艦の入出航時

図2　那覇港試料採取地点
（「沖縄におけるバックグラウンド調査について」より作図）

図３　中城湾及びホワイトビーチの試料採取地点

（「沖縄におけるバックグラウンド調査について」より作図）

に採取容器として使用されていた20L採取用キュービテーナー容器に一地点３本の計60Lを採取（著者注：通常は分析処理に30Lを使用し、残りは予備試料として保存している）、海底土は一地点約３〜５kgを目途に採取した。海産生物は１検体約５kgを目途に採取又は漁協に依頼し採取した海産物を購入した。

　同バックグラウンド放射能調査の分析測定は科学技術庁の委託調査機関である旧財団法人日本分析化学研究所で行われ、結果は昭和47（1972）年11月24〜25日に行われた昭和46年度、第14回放射能調査研究成果発表会で公表[3]された。

　分析測定核種は核実験による核分裂生成核種として長半減期のストロンチウム90（^{90}Sr：半減期28.8年）、セシウム137及びセリウム144、更に原子炉構造材等に起因する誘導放射性核種として亜鉛65（^{65}Zn：半減期243.7日）並びにコバルト60の５核種が対象である。また、那覇港内では海水試料15地点、海底土は放射性核種の港内分布を調べるため、那覇港湾入り口から順に採取地点番号を振って、那覇港内に流入している国場川及び国場川と連なった漫湖までを対象として30地点を採取し

た。海産生物は漁協に依頼したところティラピアとカニの２種類が採取された。

　那覇港内の海水試料は１L当たり核実験由来である核分裂生成物のストロンチウム90が0.15〜0.27 pCi（0.006〜0.01 Bq）、セシウム137は不検出〜0.27 pCi（不検出〜0.01 Bq）、セリウム144は0.14〜0.40 pCi（0.005〜0.015 Bq）であった。誘導放射性核種の亜鉛65及びコバルト60は不検出であった。海底土は海水同様の核分裂生成物が乾燥重量１kg当たり、ストロンチウム90が不検出〜21 pCi（不検出〜0.78 Bq）、セシウム137は不検出〜239 pCi（不検出〜8.84 Bq）、セリウム144が485〜2,552 pCi（17.83〜94.42 Bq）であった。また誘導放射性核種の亜鉛65は30地点で採取した全海底土試料で不検出、コバルト60は12地点で不検出、残りの18地点で33〜178 pCi（1.22〜6.59 Bq）であった。海産生物のティラピア、カニは生重量１kg当たりストロンチウム90が3.0〜11.7 pCi（0.11〜0.43 Bq）、セシウム137は不検出〜4.1 pCi（不検出〜0.15 Bq）、セリウム144が2.1〜15.3 pCi（0.08〜0.57 Bq）で亜鉛65、コバルト60は不検出であった。

　因みに、亜鉛65は自然界に存在する亜鉛の中の64.9％を占める亜鉛64に中性子が当たって出来る誘導放射性核種で、1954年の俊鶻丸による米国のビキニ水爆実験調査時に魚の体内に濃縮されやすいことを日本の科学者グループが初めて発見した（『死の灰と闘う科学者』三宅泰雄）。コバルト60は鉄族元素の一つであるコバルト59に中性子が当たって出来る誘導放射性核種で原子炉や核爆弾の構造材に含まれている。

　ホワイトビーチは広域な中城湾内の北東方向に位置しており、原子力潜水艦が停泊する海軍桟橋東西の両側に沿って６地点、沖停泊地点をカバーするように円状の６地点の計12地点で海水試料、海底土試料を採取した。海産生物は勝連崎周辺を中心に中城湾も含めてマイワシ、ボラ、トウゴロウイワシ、小アジ、カマス、メアジ、ムロアジ、イケガツオ、アジ、グルクマ、ハリセンボン、シロダイ、フエフキダイ、ムチ、ビタロウ、ウマヅラハギ、アヤメエビス、ブダイ、コロダイ、テングハ

ギ、ヘコアユ、シロクラベラ、ヒラメ、カライワシ、シャコ貝、マガキ貝、及び海藻のミルを含む計27種類である。

　海水試料は 1 L 当たり、核分裂生成物のストロンチウム 90 が 0.10～0.13 pCi（0.004～0.05 Bq）、セシウム 137 は 0.23～0.35 pCi（0.009～0.013 Bq）、セリウム 144 が 0.24～0.43 pCi（0.009～0.016 Bq）が検出されたが、誘導放射性核種の亜鉛 65、及びコバルト 60 は不検出であった。海底土試料も乾燥重量 1 kg 当たり核分裂生成物のストロンチウム 90 が不検出～11 pCi（0.41 Bq）で、12 試料中 No. 1 の 1 試料にのみ検出、セシウム 137 は不検出（ 2 試料）～45 pCi（1.67 Bq）、セリウム 144 は 492～1,185 pCi（15.87～43.85 Bq）が検出された。誘導放射性核種の亜鉛 65、及びコバルト 60 は海水試料同様に不検出であった。

　一方、27 種の海産生物は生重量 1 kg 当たり核分裂生成物のストロンチウム 90 が不検出（11 種類）～10.3 pCi（0.38 Bq）、セシウム 137 は不検出（ 8 種類）～8.5 pCi（0.31 Bq）、セリウム 144 は不検出（ 6 種類）～176 pCi（6.51 Bq）で、魚類は不検出（ 6 種類）～7.9 pCi（0.29 Bq）と 1 桁の濃縮に対し、シャコ貝、マガキ貝やミル（海藻）では 25～176 pCi（0.93～6.51 Bq）と 2 桁から 3 桁の濃縮が見られた。しかし、誘導放射性核種の亜鉛 65 は全て不検出、コバルト 60 はシャコ貝だけに 62 pCi（2.29 Bq）が検出されマガキ貝や海藻のミルからは不検出であった。

7. 政策科学研究所問題

　㈶日本分析化学研究所による「沖縄県におけるバックグラウンド調査」の調査結果が公表された翌1973（昭和48）年の6月14日付朝刊に「沖縄近海予想以上の放射能汚染・政策科学研究所の調べ、魚介にコバルト60、原潜のたれ流し高濃度で検出」（沖縄タイムス）、「沖縄近海の魚介類放射性物質で汚染、那覇港とホワイトビーチ、政策科学研が調査、県報告書をひた隠し」（琉球新報）の見出しが躍った。

　紙面によると県が東京の財団法人政策科学研究所に委託して作成させた「沖縄県土地利用計画書」[4]に掲載された同調査結果の内容であった。同書の「沖縄の海洋環境」編の中で“那覇港やホワイトビーチ近海ではどの生物も大なり小なりの放射能が検出されている。特にシャコ貝のコバルト60の高濃度濃縮が注目される”として評価されており、沖縄近海の魚介類が放射能で汚染されていることが判明したと沖縄県原水協がショッキングな同調査結果として公表したようである。沖縄県原水協は同報告書に掲載された資料が既に前年度に科学技術庁主催の放射能調査研究発表会で公表された論文抄録集からのコピーを県の委託を受けた政策科学研究所に県から提供された資料内容とは知らないで、新たに政策科学研究所によって調査された放射能調査結果と勘違いして未定稿の段階で公表したようである。

　度重なる海産生物からのコバルト60検出や核実験による放射性降下物の核分裂生成核種の新聞紙上発表は、一般県民にとって沖縄近海だけが原子力潜水艦の入出港に伴って魚介類まで汚染されていると受け取られ、再び社会問題へと発展し水産業界に大打撃を与えた。沖縄県の厚生部長は翌日の14日に記者会見を開き、「シャコ貝のコバルト60の高濃度濃縮が注目される」と記述した政策科学研究所の評価はあやまりであり、国際放射線防護委員会（ICRP）が決めた飲料水中の放射性核種の許容摂取量[5]（毎日2.2Lずつ50年間継続摂取許容量）で計算すると、

シャコ貝のセリウム144は8,800分の1、コバルト60は10,600分の1で何ら問題になるレベルではなく人体への影響はないと話されたようである（沖縄タイムス、琉球新報、1973〈昭和48〉年6月15日）。

　そのような状況から、県は16日早朝から約2週間にわたって県内の各漁港を回ってシンチレーションサーベイメータとガイガーミュラーサーベイメータ（GMサーベイメータ）で漁業関係者や市場関係者が見守る中で全数検査を実施し、バックグラウンドの自然放射能と同レベルの計数率であることを示し沈静化を図った。また、沖縄県原水協も「配慮が足りなかった。全部が汚染されているわけではない」と県漁連に陳謝して一応決着した（沖縄タイムス、琉球新報、1973〈昭和48〉年6月27日）。

8. 米国のビキニ水爆実験と第五福竜丸事件

　1954（昭和29）年3月1日から5月14日にかけて米国は赤道近くの北太平洋マーシャル諸島のビキニ環礁でキャッスル・作戦と称し6回の水爆実験を実施した。後で述べることになるが、度重なる那覇港やホワイトビーチのコバルト60汚染騒動に対し、当時の核実験の影響も推察されたことから米国が太平洋のマーシャル諸島のビキニ環礁で行った水爆実験について改めて触れてみたいと思う。

　キャッスル・作戦の目的は爆撃機に搭載可能な実用水素爆弾の開発で、特に3月1日に実施したブラボー水爆実験では米国原子力委員会が指定していた危険水域から、約30km以上離れた場所で操業していた遠洋マグロ延縄漁船の第五福竜丸がビキニ環礁からの白い粉の放射性降下物（当時新聞紙上を賑わした死の灰）によって乗組員23名の方が被曝した。第五福竜丸の船員らの話によると、ビキニ環礁から160km東方、米国原子力委員会が予め指定していた航行禁止区域の境界から約30km以上離れた区域でマグロ延縄操業をしていた。現地時間午前6時45分頃に西の空が異常な明るさとなり水平線から太陽のような大きな日のかたまりが浮かびあがるのを見た7〜8分後に大爆発音が轟いた。3〜4時間後から次第に入道雲に覆われて暗くなり雨と共に白い粉末が4〜5時間船上に降り注ぎ、甲板の上は真っ白い粉に覆われたようである[6]。

　Wikipediaによれば、3月1日に実施されたブラボー水爆実験は事前に見積もられたTNT火薬換算の6メガトン（600万トン）の爆発力より約2.5倍の15メガトン（1,500万トン）と予想以上の爆発力となったようである。実験を実施したサンゴの島は消え去り深さ120m、直径1.8kmのクレータが生じ、米国が引き起こした最悪の核実験事故であるとともに、核実験によって生成する地球規模の放射性降下物による大気汚染及び海洋汚染を世界に知らしめた。

　静岡県の焼津港に戻ってきた第五福竜丸から採取された白い粉は東京

大学教授の木村健二郎博士らのグループによって分析され、水爆実験によって生成された多種類の核分裂生成物や爆弾の構成材料や海水及びサンゴ礁等が水爆から放出された中性子で放射化されて生成される誘導放射性核種のイオウ35（^{35}S：半減期87.5日）[注釈4]やカルシウム45（^{45}Ca：半減期162.67日）[注釈5]とウラン237（^{237}U：半減期6.7日）、プルトニウム239（^{239}Pu：半減期24,100年）を含むサンゴ礁の白い粉が"死の灰"として降って来たことが明らかにされた[7]。

注釈4）イオウ35は天然のイオウ34（海塩の硫酸基中に4％に含まれている）の原子核が中性子を取り込んで出来ることが明らかにされた。

注釈5）カルシウム45は天然のカルシウムの中に2％ほど含まれるカルシウム44が中性子を取り込んで出来ることが明らかにされた。

コラム5	死の灰の成分は、水爆の正体は何か「分析化学検討会」

　第五福竜丸がビキニ水爆実験による死の灰を浴びてから約3カ月後の5月30日に日本分析化学会、日本化学会共催の「分析化学討論会」で、死の灰の成分は何か、水爆の正体は何か、について京都大学で約300名の専門家を集めて討論会が催された。

　同討論会で、東京大学木村健二郎教授の研究グループは「第五福竜丸に降った放射性物質」と題して、天然のサンゴ礁のカルシウム44が水爆から放出された中性子によって出来た誘導放射性核種のカルシウム45や水爆から放出された速中性子によって出来るウラン237等を発見。またウラン237は天然ウラン238が水爆の速中性子を取り込み、原子核内の中性子を2個放出してウラン237となり、ベータ崩壊してネプツニウム239（^{239}Np：半減期2.36日）となる。更にネプツニウム239はベータ崩壊してプルトニウム239となることから、ビキニで行われた実験は

火付け役として長崎型原爆（プルトニウム原爆）を使用した水爆実験であったことが判明したとの報告がなされた（琉球新報、1954〈昭和29〉年5月25日）。

　三宅泰雄博士の『死の灰と闘う科学者』によると、ウラン237、プルトニウム239が検出されたことから、後になって日本の分析値を基に通信社INS［米国の国際通信社：International News Service］が3F爆弾説をスクープしたとの事である。3F爆弾とは、起爆にFission（核分裂）、それに続くFusion（核融合）、そのとき出る高速中性子によって天然ウラン238がFissionする3つのFの放出エネルギーを原理とする爆弾で、この考え方によってブラボー実験の水爆から出るおびただしい量の核分裂生成物の生成の原因が判明したと述べておられる。

　また、一般的にプルトニウム239は、天然ウラン238（^{238}U：半減期44億6,800万年）の原子核が遅い中性子を取り込んでウラン239（^{239}U）になる。ウラン239は23.5分の半減期でベータ崩壊して超ウラン元素のネプツニウム239に変わり、ネプツニウム239もベータ崩壊して半減期2.3日でアルファ放射体の半減期24,100年のプルトニウム239に変わる系列をなす。その他に、放射性元素のストロンチウム90は、ストロンチウム90がベータ崩壊して生成するイットリウム90（^{90}Y：半減期64.1時間）、イットリウム90がベータ崩壊して安定なジルコニウム90になる等21種類の核種等を公表した。金沢大学の木羽敏泰教授らは「原爆マグロに付着せる放射性物質について」と金沢に入荷したマグロの皮膚にバリウム140（^{140}Ba：半減期12.75日）、ストロンチウム90、など数種類の放射性元素を確認したようである。更に静岡大学の塩川孝信教授らは「ビキニ灰の放射化学的研究」として、モリブデン99（^{99}Mo：半減期2.75日）、銀110m（^{110m}Ag：半減期249.95日）など他の大学では検出されなかった元素を発表。続いて、大阪市立医大の西脇安助教授らの「第五福竜丸より検出せる放射能灰について」としてウラン235、ネプツニウム239等や、ストロンチウム90、バリウム140などが骨に付帯すれば放射能が激増する生物実験結果などを発表されたようである（琉球新報、1954〈昭和29〉年5月25日、30日）。

　東京大学農学部助教授の清水誠博士の『海洋の汚染』[8]によると、ビキニ海域で採れたマグロからは放射能が検出され、三崎、焼津、築地などの魚市場に水揚げされたマグロは大量に廃棄処分された。3月に始められた厚生省による水揚港でのマグロの放射能汚染検査（厚生省公衆衛生局）は公衆衛生上の非常に深刻な問題として、放射能をもつ魚は全て食卓に載らないようにとの配慮から魚体から10 cm離れたところでサーベイメータが100 cpm（16.7 Bq）[注釈6]以上数える魚を全て破棄することを決めた[9]。マグロの放射能汚染検査は12月末まで続けられ、この間の被災漁船数は856隻で、廃棄されたマグロの総量は490トンに達したようである。

　注釈6）cpm（count per minute）：1分間に計数される放射線の数。

　1954年当時の米国原子力委員会の見解として広い海洋では放射性物質は薄まるとの見解を取りながら日本産の放射性物質が検出されたマグロ缶の輸入を禁止したようで、このような水産業界の悲惨な状況のもと水産庁は厚生省と運輸省の協力のもとビキニ海域とその付近の放射能の影響調査を行うため俊鶻丸によるビキニ調査団が結成された。俊鶻丸には海洋生物、海洋環境、放射能測定及び気象関係の研究者22名が乗り組み5月15日に東京の竹芝桟橋を出航した。また、米国も5月13日にビキニ環礁でのその年の一連の水爆実験を終了している。
　俊鶻丸の約2月間に及ぶビキニ調査団は海洋環境の様々な問題を解明した。それまで、人為的な海洋汚染の概念がなく太平洋における核実験の影響も大海原に一滴の墨を垂らしたようなもので、直ちに拡散して薄まると多くの科学者は一般的に考えていたようである。しかし、俊鶻丸は核実験による海洋汚染の拡散問題を解明し、しかも海洋環境における海水・プランクトン・イカ・マグロに至る食物連鎖の存在を世界で初めて明らかにしている。
　国立医薬品食品衛生研究所の宮原誠薬学博士の「ビキニ調査船俊こつ丸・放射性降下物漂う海へ」によれば、3月に第五福竜丸が持ち帰った

マグロは、表面だけが放射性物質に汚染されていたが、4月初めに焼津港に水揚げされたビンナガマグロはエラに放射能があり、精密検査したところ胃内容物や幽門部に著しい汚染が見つかった。これを受けて築地では汚染のために廃棄処分になった。また、魚の内臓を国立衛生研究所に持ち帰ってのGM測定器による詳細検査が始まった。5月になるとビキニ環礁から遥かに離れたフィリピン東方、沖縄近海で獲れたキハダ、クロカワ、シイラ、バショウカジキの内臓にも明らかに放射性物質による汚染が検出され、汚染魚の回遊範囲が極めて広い範囲であることが判明した。更に7月の検査では魚体内の放射性物質の分布は血液、腎臓、肝臓などに現れ始めた。汚染が最大のカツオは腎臓全体で18,156 cpm（3,032 Bq）であったと、魚類への放射性物質の摂取状況が報告されている[9]。元厚生省国立予防衛生研究所の河端俊治等は1954（昭和29）年、1956（昭和31）年においての第一次及び第二次俊鶻丸調査によって得られたビンナガマグロ等の分析を行い、亜鉛65、鉄55（^{55}Fe：半減期2.737年）、鉄59（^{59}Fe：半減期44.495日）、カドミウム113m（^{113m}Cd：半減期14.1年）、コバルト57（^{57}Co：半減期271.74日）、コバルト58（^{58}Co：半減期70.86日）、コバルト60、微量のジルコニウム95、ニオブ95（^{95}Nb：34.99日）等を検出している[10]。

『死の灰と闘う科学者』（三宅泰雄著）によると、水爆の爆発点から1,000〜2,000 km も離れたところの海水や生物にも放射能があることは今まで想像もしていなかっただけに、調査団の科学者や報道を聞いた多くの国民を驚かせた。無論、アメリカ側も全然予想さえしていなかったようで、彼らも巨大な量の海水の希釈能力を過信していたようである。更に、放射性物質が生物体内に濃縮することの結果を過小評価していた。水

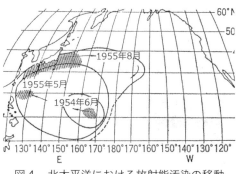

図4　北太平洋における放射能汚染の移動
（『死の灰と闘う科学者』より作図）

爆の影響を評価するのに今までの常識は何の役にも立たず、放射性物質の主流は北赤道海流に乗って西に向かっており地球規模の海洋汚染を引き起こしていたとされている（図4）。

コラム6 ｜ 北赤道海流

北赤道海流は赤道付近で温められた空気が上昇気流となり、北緯30度付近で冷やされ下降気流となる空気の流れが地球の自転により東から西へ流れる貿易風が創りだされる（ハドレー循環）。その風によって赤道の北側に生じる東から西に流れる海流で、太平洋側ではフィリピン東方で二分し、その一方が北上して黒潮となって台湾と与那国の間を北上して三陸海岸沖合で太平洋に流れ北太平洋亜熱帯循環を形成している（Wikipedia）。

『死の灰と闘う科学者』（三宅泰雄著）によると、米国原子力委員会も俊鶻丸の追跡調査の検証を行うことを決定し、沿岸警備隊のタニー号で1955年3月7日にホノルルを出航しビキニ・エニウェトク環礁、グアム、フィリピン群島及び黒潮流域に沿って沖縄、そして4月14日の横須賀港に至るまで180マイル（290km）おきに46の観測地点で深さ600mまでの12層で海水を採取し、種々のプランクトンを採取する「トロール作戦」を実施した。その結果、太平洋の広い領域で海水1Lに0〜570dpm（disintegration per minute：1分間当たりの崩壊数：約0〜9.5Bq/L）、プランクトン生重量1g当たり3〜140dpm/g（約0.05〜2.3Bq/g〈生〉）の放射能を確認した。

放射能は北赤道海流で強く、フィリピンのルソン島沿岸で最も放射能が強く深さ600mまでの平均値は190dpm/L（3.2Bq/L）であった。最も放射能の強かった魚はマグロの3.5dpm/g（約0.058Bq/g）で、最大許容レベルの1％であった。更に、同調査を通してプランクトンが海水汚染の良い指標になることを確認したようである。即ち、俊鶻丸調査以後の9カ月間の変化として、最大の汚染海域がビキニ海域からフィリピンのルソ

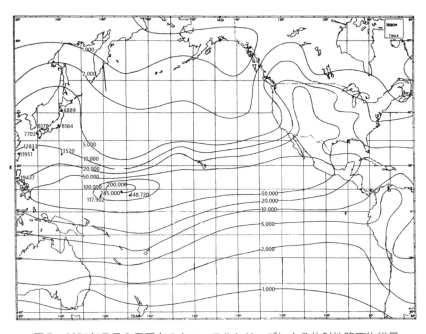

図5　1954年7月1日現在のキャッスルシリーズによる放射性降下物総量
（World-Wide Fallout from Operation Castle より作図）

ン島付近に北赤道海流により輸送されていたことが新たに見いだされた。

　図5は米国が1954年3月から5月までビキニ環礁においてキャッスル作戦と称して6回の水爆実験を実施した際、実験に伴って放出される放射性粉塵（debris）の大気圏における拡散状況を調査するために世界122カ所（大半が米国内で、日本では嘉手納、佐世保、岩国、横須賀及び三沢基地で観測している）に粘着フィルムを配備し、その結果を1955年5月に米国原子力委員会と気象局が中心となって取り纏めた報告書「World-wide Fallout from Operation Castle（キャッスル作戦からの世界規模の放射性降下物）」[11] に掲載されている修正図である。このように、大気圏における放射性粉塵の世界的規模での拡散状況は調査しているにも拘らず、海洋汚染については日本側の俊鶻丸による調査報告を受けるまで軽視していたのである。同報告書による

と、1954年7月1日までの太平洋地域における放射性降下物の降下量として、フィリピンのマニラで19,437 d/m/ft²[注釈7]（3,010 MBq/m²）、台湾の台北で11,951 d/m/ft²（1,850.0 MBq/m²）、小笠原島で13,520 d/m/ft²（2,093 MBq/m²）、沖縄県の嘉手納基地で12,833 d/m/ft²（1,986.5 MBq/m²）、長崎県の佐世保基地で7,703 d/m/ft²（4,492.4 MBq/m²）、山口県の岩国基地で8,178 d/m/ft²（1,266.0 MBq/m²）、神奈川県の横須賀基地で8,184 d/m/ft²（1,266.9 MBq/m²）、青森県の三沢基地で6,889 d/m/ft²（1,066.4 MBq/m²）の放射性降下物が観測されている。また、同報告書によると放射性物質は熱帯緯度の気象擾乱により大部分は温帯地域に残留する傾向がみられたようである。後ほど述べることになるが、この時期は太平洋高気圧が次第に張り出すとともに低気圧も発生しやすくなり、太平洋高気圧や発生する低気圧が担い手となって熱帯海域から気団が沖縄や本州方面に運ばれてくる。それ故、九州、本州方面に比べて緯度の低い沖縄や台湾で放射性降下物の降下量が多いことが当然推察される。

　注釈7）d/m/ft²　単位：1平方フィートの粘着フィルム上で1分間に崩壊する原子数を表す。
　　　　1 d/m/ft² ＝ 15.48 Bq/cm²の関係が見られる。

　因みに、日本国政府は核爆発実験に伴う国内への放射性降下物の漸増に対処するため、1961（昭和36）年10月に内閣放射能対策本部を設置し、翌年に核実験による放射能調査対策暫定指標値として緊急事態対策指針（コラム12参照）を定めた。
　第一段階として、雨及び塵による放射性降下物の降下量が1カ月を超えない期間中に全ベータ放射能が2.5 Ci/km²（92.5 GBq/km²）以上予想される場合は、放射能レベルの推移を厳重に監視するとともに、必要な指導、助成などを行うことになっている。
　このことから、国内の小笠原から青森県三沢基地まで観測された放射性降下物の降下量を暫定指標値の第一段階と照らし合わせてみると約1/87〜1/47と推定された。

9. 日本に降り始めた放射能雨

　第五福竜丸事件以後、国内各地で降雨に放射能があるのではないかと測定され始め、新聞紙上でも掲載されるようになってきた。

　最初に騒がれたのは、1954（昭和29）年3月6日から7日にかけて愛知県伊良湖岬付近に降灰があり、その灰は名古屋工業試験場の西村耕一技官らによって50cpmの弱い放射能が検知された。東京大学の木村健二郎教授が分析したところ核分裂生成物のジルコニウム95が確認されたが微弱であり、またあの辺りの放射性鉱物のジルコンの破片が入っていたとのことで、多少疑問が残ったようである[12]。また、4月9日の沖縄タイムス夕刊一面でも「放射能雪・北海道で発見される」との見出しで、2日に北海道地方に降った雪の中に微量の灰のようなものが含まれているのを北海道大学理学部の中谷教授（物理学）および熊井助手が発見、雪を採取して8日に測定したところ平均50カウントの放射能を検出との記事が掲載されている。三宅泰雄博士の「日本に降った放射能雨」[12]によると、当時は土壌から散逸した自然放射能のラドン222（^{222}Rn：半減期3.8日）が大気中で崩壊して生成し、雨に取り込まれた娘核種のポロニウム218（^{218}Po：半減期3.05分）、鉛214（^{214}Pb：半減期26.8分）、ビスマス214（^{214}Bi：半減期19.7分）の計数値を補正しないで、測定器のカウント数だけを競っていたようである。

　それ故、5月16日から17日にかけて降った雨に京都大学工学部の四手井綱彦教授が1L当たり86,760cpm、大阪市立大学医学部の西脇安助教授が2,100cpm、名古屋大学理学部の菅原健教授が8,000cpm、鹿児島大学文理学部の鎌田政明助教授が15,000cpmの雨を検出したことが、国内では最初に実証された雨の中の人工放射能とされている。

　このように人工放射能を含む雨が降っていることが確実になったことから、気象研究所では5月21日から雨の連続測定観測を始めたようである。また、測定値は採水してからラドンの娘核種の減衰を補正した6

時間値の計測値で表すことになった。

　東京では科学研究所（現理化学研究所）の山崎文男博士が16日に降った雨から32,000 cpm/L の放射能を検出し、更に土壌を集めて分析したところ核分裂生成物のバリウム140やセリウム144が検出されたことから野菜や果物も放射能で汚染されていることを発表[注釈8]。5月20日には山崎博士と三宅博士は朝日新聞社に集まっている各地からの放射能雨に関する情報を検討して、16日前後から雨に含まれている放射能は地域的に太平洋側で強く日本海側で比較的弱いことから、その起源は5月5日に実施されたビキニ水爆実験であることを翌朝の新聞紙上で公表したようである。

　　注釈8）食品の放射能汚染について、国立医薬品食品衛生研究所の宮原誠薬学博士は「ビキニ調査船俊こつ丸・放射性降下物漂う海へ」[9]で俊鶻丸が東京港を出港した5月15日の翌日、東京都世田谷区用賀に降った雨から1,000 cpm/L の放射能が観測された。しかし、世田谷区のキャベツの表面から121 cpm（表面線量）を観測したが、洗うと1 cpm まで低下することから核実験による放射性降下物は主に食品の表面を汚染していることが解ったと述べておられる。

　国立公衆衛生院名誉教授の山県登博士が編集委員長としてまとめられた『「ビキニ事件から30年」を特集するに当たって』と題した特集号[13]が出版されている。

　そのなかで当時の時代的背景として1950（昭和25）年に放射性同位元素（Radioisotope）が初めて日本に輸入されたころ、放射線測定法の主力はローリッツェン検電器[注釈9]であった。ビキニ事件当時は国産のGM カウンターがようやく市販され始めたばかりというのが実情だったようである。当時、東京大学の木村教授も第五福竜丸の死の灰（放射性降下物）の核種分析をローリッツェン検電器で分析されたようで、現在主流になっているガンマ線スペクトロメトリ（ガンマ線分光分析）による機器分析からすると大変根気のいる分析だったと思われる。なお、当

時科学研究所（現理化学研究所）で放射線測定をなされていた大塚巌博士が『「ビキニ事件から30年」を特集するに当たって』の寄稿でビキニ事件との関わりを述べておられるので抜粋して記す。

　3月16日東京都衛生局からの依頼で第五福竜丸から水揚げされたマグロの検査を築地で行った。自分で設計し、3年前から市販されていたGMサーベイメータを使用した。しかしながら交流式の本格的なレートメータ形式のサーベイメータであったため6kgと重く屋外調査など長時間の測定に適した軽い電池式サーベイメータの必要性を感じ、設計制作を急ぎ4月9日から組み立てを開始した。徹夜で翌10日に完成し、屋上でテスト中に思いがけないことにぶつかった。どこを測定しても200〜300cpmを示し、排水溝付近では500〜600cpmにもなった。道路も同じで面密度でいうと$10^{-3}\,\mu Ci/cm^2$（$37\,Bq/cm^2$）くらいであったろう。このことから東京中か日本中かわからないが非常に広範囲の地域で汚染していることは確かであった。研究室ではすぐに雨水、塵埃中の放射能測定を開始した。後にこのような観測は全国で行われるようになり、放射能雨という言葉が新聞で現れるようになったのは4月16日以降であったと当時の核実験による放射能パニックが記載されている[14]。

　注釈9）ローリッツェン検電器
　　摩擦起電力を使用した検電器で、他の電源を必要とせずアルファ線、ベータ線及びガンマ線のいずれも測定できる長所をもっているが、アルファ線を除き個々の放射線は検出できず、接眼レンズを除きながら測定しなければならないなどの欠点のため、現在では制作されていない。ベータ線及びガンマ線の測定は、もっぱらGM計数装置であった。サーベイメータ類で最も早く制作されたものはGMサーベイメータで、交流式のものは1950年頃に作られたが、電池式のものは1955年ごろになって現れた。しかし、電池式でも真空管使用のため電池の消耗が大きく、トランジスタ式のものと比べ物にならなかった[14]。

10. 琉球政府時の米軍放射能調査班の活動

　1954（昭和29）年5月17日付の沖縄タイムス紙面に「沖縄近海の魚に放射能、大阪市場で廃棄処分」の見出しの記事が掲載された。内容としては、14日早朝大阪中央市場に着いた高知県室戸漁協組合所属の第七福寿丸（19トン）の放射能検査を大阪府衛生部・大阪市衛生局がしたところシイラ9本、カジキ2本のエラ、表皮から200〜800カウントの放射能を検出したため廃棄処分となった。同船は4月26日から5月7日迄北緯23度、東経129度の台湾東方、沖縄東南海上で操業してシイラ、マグロなど2千貫（著者注：7.5トン）を積んで帰港したようで、これら近海マグロ類は水爆実験地で放射能を受けたもので、黒潮と共に回遊してきたと見られたとの事であった。

　また、5月20日付の琉球新報朝刊によれば、本土でのビキニ水爆実験による第五福竜丸事件や放射能雨問題が、沖縄にもビキニ水爆実験の恐ろしい放射能を含んだ"死の灰"が波及しつつあるのではないか、また近海魚も"死の灰"によって汚染されているとの噂から、住民の不安と経済混乱を避けるため19日に琉球政府の社会局長、次長らが米国民政府の公衆衛生部長らと放射能対策について緊急協議を行い、午前10時頃にインドネシアのセレベス海で捕獲したマグロ・カジキ類9万6千斤（著者注：57.6トン）を積んで三重城岸壁（現那覇商港側）に帰港した大宝丸のマグロ類や一部船体、船員をガイガー計数管（著者注：GMサーベイメータと推察される）による放射能検査を米空軍が行ったが無反応と分かり陸揚げが許可されたようである。引き続き近海魚類専門の泊公設揚市場に急行、1万5千斤（著者注：9トン）のストックを抱え悲鳴を上げている冷蔵庫の内外を検査、さらに泊港で6隻の漁船を検査して異常なしと発表。当時、琉球政府には放射能測定器がなく、放射能調査は米軍に依頼するしかなく米国民政府も住民の不安が無くなるまで検査を継続するとの方針を決定したとの事であった。

一方、京都地方に16日に降った雨から28,000 cpm/L、18日に降った雨から86,760 cpm/L、また、名古屋でも4,600 cpm/Lとの記事が沖縄タイムス5月19日夕刊一面に掲載された。更に、5月21日には鹿児島の雨に多量の放射能を検出した（5月14日4,000 cpm/L、5月16日15,000 cpm/L）との共同電が伝えられ、もしや、沖縄にもという懸念が魚市場等にも影響したため、琉球気象台は放射能調査を企画しガイガー計数管（著者注：ガイガー測定装置）の発注準備にかかったと新聞報道（琉球新報、5月21日）がなされたところへ、26日の琉球新報紙面では「放射能天水、常用は危険」の見出しが掲載された。内容として日本では飲料水中に含まれる放射能に対する最大許容量は決まっていないので、米国の基準1Lについて1万分の1マイクロキュリー（1/10,000 μCi/L）、カウントにすると大体1分間に30〜40カウント（30〜40 cpm）を採用するとともに、厚生省としては、やむをえず天水を飲用する際は降り始めの雨を避けて、ろ過飲用することが望ましく、野菜は十二分に洗えば心配ない。また、5月16日から21日にかけて降った雨にかなり強い放射能を検出したが、直接身体の外部に受けても健康に害はないと思われるとの広報記事が掲載された。

　同報道を受けて、6月8日に米軍ライカム科学班、米国民政府公衆衛生部長、琉球政府社会局長及び公衆衛生課長ら16名で構成される調査班が天水の検査[注釈10]を実施し、30秒間で15〜18カウントで異常は認められないと発表すると共に、この検査は単なる沖縄の人々だけの問題でなく全駐屯軍人の保健にも関することなので検査は絶えず行いたいとコメントしたようである（沖縄タイムス、1954〈昭和29〉年6月8日）。

　注釈10）米国民政府の雨水測定
　　通常実験室では、天水や雨水は標準100 mLを蒸発皿で濃縮して、残渣を測定皿に移して乾固し、ガイガー測定装置の計数管（GM管）から1 cmの距離で測定して自然界の大気中に存在するラドン・トロン等の自然放射能の値を差し引いた正味の値（cpm/L）を算出する。

米軍は放射能事故等を想定した機動力のある測定方法のため、携行用のガイガー測定器（GMサーベイメータ）で測定したと思われる。この方法は、天水だけでなく周辺のコンクリートや道路に含まれる自然界の放射能値をも含んだ測定値（全計数値）であるが、当時の核実験によって国内で観測される降雨には数千から数万カウントの放射能が検出されていることや、また後程述べる強放射能粒子等の混在も考えられることから天水への影響の有無は判定できたのではと推察される。

東京大学農学部清水誠助教授の『海洋の汚染』によれば、ビキニ水爆実験による海水の放射能汚染の中心域は、海流によって移動するよりずっと早く日本近海で汚染マグロ等が獲れだしたことから、汚染物質の移動は潮流、海流など海洋物理的条件だけでなく、生物によるものも大きく関係することを示しており、注目すべきであると述べられている[8]。

コラム5で述べたように、北赤道海流はビキニ方面から西のフィリピン東方海上へ流れており、フィリピン東方海上から黒潮として沖縄、九州・本州へ北上して三陸海岸沖合から東海上へ北太平洋海流として流れ、カリフォルニア西海上でカリフォルニア海流として南の赤道方面へ流れる亜熱帯循環流としてよく知られている。

三宅泰雄博士らの北太平洋におけるビキニ起源の放射能汚染の移動によれば、1954（昭和29）年6月頃のビキニ近海の放射能汚染海域は翌年1955年5月頃にフィリピン東方海上まで移動し、黒潮に乗って8月頃には日本列島の南岸一帯に拡散したようである（図4）。

一方、マグロ等の放射能汚染魚の廃棄処分分布は汚染海域の移動より早く、1954年8月頃には小笠原諸島や九州南岸から台湾東部海域及び沖縄近海を含めたほぼ同心円状海域で獲れたマグロ等がビキニ水爆実験による放射能汚染の影響を受け圧倒的に多量に廃棄された海域であったことを示している。5月14日付琉球新報一面紙上に5月12〜13日にかけて台湾北東海面で操業していた大分県津久丹漁協組合所属の第三長門

丸（48トン）とフィリピン島東方海上海面で操業していた高知県室戸岬漁業組合所属の栄勝丸（45トン）が大阪中央市場岸壁に入港した際の放射能検査で、第三長門丸のシイラ43本の内7本の内臓から平均300カウント、肝臓から600〜1,200カウントが検出された。シイラの内臓や肝臓からの放射能の検出は海洋に放出された核分裂生成物の魚類への食物連鎖を示唆した例と見なされる。また、栄勝丸の船首ロープ、マストのロープなどから120〜150カウントの反応がみられた。

　更にビキニから2,000マイルも離れた台湾東方海上で操業していた日栄丸、第七豊丸など6隻の漁船が大阪に持ち帰ったマグロ、シイラから放射能が検出されたことは、これまで遠海物に限られていた水爆汚染マグロ対策を根本的に再検討しなければならなくなり、13日には厚生省魚肉衛生課技師、国立衛生試験所化学食品部長、及び科学研究所所員（現理化学研究所所員）が大阪府庁で放射能対策協議会を開いている（琉球新報、1954〈昭和29〉年5月14日）。

　思いがけずして、ビキニ水爆の"死の灰"騒動に巻き込まれた沖縄の水産業界は魚の売れ行きが半減し、その上卸値、市価とも暴落したため琉球政府は米国民政府公衆衛生部の協力を得てガイガー計数器（著者注：GMサーベイメータ）及びイオンチェンバー（著者注：電離箱式サーベイメータ：直接線量率が測れる）による魚市場での放射能調査を実施。米国民政府の技術者たちは、測定器に現れる線量率表示を集まった人達に示しながらマグロ、フカ、グルクン（タカサゴ）、シイラ、及びマチなど6千斤（著者注：3.6トン）の放射能汚染調査を実施し反応が出たのは0.2〜0.3程度（著者注：単位は記載されておらず不明）で、これは宇宙のどこにでもある程度で人体に害はないと発表し漁協関係者を安心させたようである。また、沖魚連仲買人の要望により、更に1週間毎朝の水揚げ鮮魚の放射能検査に協力するとともに何時でも全面的に協力することとなった（琉球新報、1954〈昭和29〉年5月20日）。

コラム7　国内における放射能調査の研究開始

　気象庁気象研究所地球化学研究部発行の『環境における人工放射能の研究2007』の序文において[15]、ビキニ環礁で行われた1954年3月1日の米国水爆実験によって、第五福竜丸の乗組員が放射能を含む"死の灰"で被ばくした事件を契機に日本における環境放射能調査の研究が本格的に始まったとされている。1954年以来、環境放射能の観測、測定法の開発、放射能汚染の実態の掌握、大気や海洋における物質輸送解明のトレーサーとしての利用を目的として環境放射能の研究を実施してきた。当時の地球化学研究室は環境の放射能を組織的に分析・研究できる日本で有数の研究室であり、三宅泰雄博士の指導のもと海洋及び大気中の放射能汚染の調査・研究に精力的に取り組み、その結果、当時予想されていなかった海洋の放射能汚染、大気を経由しての日本への影響など放射能汚染の拡大を明らかにした。

　1958年から放射能調査研究費による特定研究課題の一つである「放射化学分析（落下塵・降水・海水中の放射性物質の研究）」を開始し、札幌、仙台、東京、大阪、福岡の五つの管区気象台、秋田、稚内、釧路、石垣島の4地方気象台、輪島、米子の2測候所の全国11気象官署及び観測船で採取した大気及び海水中の人工放射性核種（ストロンチウム90、セシウム137、トリチウム〈^{3}H：半減期12.3年〉及びプルトニウム）分析を実施してきたと述べている。

11. 原子力潜水艦寄港に伴う放射能分析試料のデータ捏造事件

　1974（昭和49）年1月29日の衆院予算委員会で、政府が実施している米国原子力潜水艦寄港に伴う放射能調査試料の分析測定を委託している財団法人日本分析化学研究所の測定データがねつ造されていることが共産党の国会での指摘で暴露された。調べによると、同研究所から科学技術庁原子力局に提出された米国原子力潜水艦入港時の海底土の放射能測定結果の中に原子力潜水艦名も入港日時も全く違うのに測定結果が全く同じものが何組もあったのを始め、実際に測定した日時と報告書の測定日時が異なっているもの、測定器が修理でメーカーに出されている期間中であるのに、その測定器を使用して分析した試料を測定したことになっているものがあった。同研究所から科学技術庁へ提出された調査報告のガンマ線スペクトルグラフを調べた結果、同一グラフが各10枚ずつ、13種に分類されたようである（沖縄タイムス、琉球新報、1974〈昭和49〉年1月30日）。

　科学技術庁は同事件発覚以降、横須賀、佐世保、ホワイトビーチの三港で基礎資料収集のための調査を行う一方、日本分析化学研究所は国内唯一の環境放射能・放射線の分析測定機関であり、新たな分析機関の設立が肝要とのことで、2月27日に「新分析機関設立準備会」が設立され、5月1日付で「財団法人日本分析センター（現公益財団法人日本分析センター）」が発足した。

　しかし、実質的な業務開始は7月末になりそうであり、それまでの間は科学技術庁放射線医学総合研究所、理化学研究所、日本原子力研究所、及び海上保安庁などの研究機関によって、暫定的に米国原子力潜水艦入出港に伴う安全な放射能調査の監視体制が可能とのことで、当面、監視体制の最も整備された横須賀港に、次いで準備が整い次第7月初旬には佐世保、ホワイトビーチの両港にも原潜寄港を受け入れる方針を固

めた（沖縄タイムス、琉球新報、1974〈昭和49〉年6月2日）。

　＊㈶日本分析センターの新設に伴い、当時の科学技術庁から何度か
　　著者に協力依頼をいただき身に余る栄誉であったが、家庭の都合で
　　感謝を述べて遠慮させていただきました。

12. 琉球政府における核爆発実験の影響調査

　本土では、ビキニ核爆発実験によって被ばくした"第五福竜丸"事件を契機に環境中の放射能調査が各大学機関によって自主的に始まったようである。また、1954（昭和29）年5月16日から20日にかけて日本各地で高濃度の放射能雨が観測されたことを重視した厚生省は、これまで各機関ともまちまちに検査していた検査方法を統一し本格的な対策に乗り出した（沖縄タイムス、5月20日）。このような社会状況から気象研究所を中心として海上保安庁、水産庁を含めた連続観測体制が5月22日に東京で検討され、気象台での雨水観測と並行して放射能観測が始まった（琉球新報、1954〈昭和29〉年5月23日）。

　6月8日の沖縄タイムス・琉球新報両紙によれば、沖縄でも本土における"水爆マグロ"や"死の灰"などの放射能騒ぎ以来、天水の放射能を心配する向きがかなりあり軍民共同調査として米軍ライカム科学班、米国民政府公衆衛生部長及び琉球政府公衆衛生課長ら12〜13名が参加して那覇市内の3カ所、並びに名護から送られて来た天水の放射能検査を実施している。測定方法は容器に入れた天水にガイガー管を1cmまで近づけ30秒間測定する方法で、「無線のレシーバーのようなものを耳につけて聞くとカチカチ15回鳴った。カウント15、同じ場所の空気中の放射能も測ったがこれも15カウント」、この程度の放射能は大気中に常にあるものとみて良いそうで天水に有害な放射能はないと判定したようである。

　三宅泰雄博士の著書『死の灰と闘う科学者』によると、1954（昭和29）年4月ごろの段階では日本における放射能雨の存在は疑わしかった。研究の組織が固まっておらず各地での測定結果は新聞を通じて断片的に報道されるだけで測定結果の中には人工放射性物質の存在を示すものもあったが、反面、天然放射性物質の測定値と思われるものもあったと述べておられる。

　更に、雨水にはもともとラドンの壊変生成物が入っていて、降り始めの雨で数十から数百 cpm/L の放射能を示すことがある。その半減期は30分前後であることから、降水後6時間以上たてば天然放射能はほとんど消滅する。初期の放射能雨の研究の中には、天然放射能の除去について不明なものもあり、すべてを人工放射能雨としてしまうわけにはいかなかったと述べておられるように、当時の放射能雨の測定方法はまちまちであったようである。それ故、一日も早く統一した観測体制を確立する必要にせまられ、日本学術会議は1954年の5月1日付で茅誠司博士を委員長とした「放射能影響調査特別委員会」を発足させた。5月10日の第1回会合で「空気、雨などの放射能観測は、常時定例的に行わなければならないこと、及び組織が全国的でなければならない」ことなどから中央気象台長和達清夫博士の提案で気象官署が測定することに決まったようである。また、同委員会の木村健二郎博士を班長とした基礎班が雨水や空気の放射能測定法の指針や放射能の標準物質をつくるなど環境放射能研究に大きく貢献したようである。

　放射性降下物の核種分析を開始して50年目の節目に気象研究所地球化学研究部から発行された『環境における人工放射能の研究2007』第一章「人工放射性降下物（死の灰のゆくえ）」で、1954（昭和29）年4月から放射性降下物（いわゆるフォールアウト）の全ベータ（全β）放射能測定を開始したことが記されている。更に、1957年からは核種分析を始め、以降現在に至るまで50年間途切れることなく継続して人工放射性核種の環境中での濃度変動の実態とその変動要因を究明している[15]。

　沖縄では、1955（昭和30）年から琉球気象台が気象観測の一部として降水観測と共に本格的な雨水に含まれる放射能測定を開始し、3月23日の朝10時から昼2時までに降った雨が221カウント、30日の夜10時から31日7時3分までに降った雨が777カウント、そして4月3日の朝9時から4日の朝9時までに降った雨から1,343カウントと最高値を検出して琉球政府社会局と米国民政府に報告している。

　当時米国ではティーポット（Operation Teapot）作戦と銘打った核実

験が1955年2月18日〜5月15日までネバダ核実験場で行われており（Wikipedia）、同核実験での放射能塵が地球を周回して日本上空に達していたようであると琉球気象台は考察している。同報告に対し、米国民政府はアメリカでは10日間に770万カウントでも安全としており、危険度は5億ないし6億カウントとなっており、現在の放射能濃度は全然心配の必要はないとコメントしている（沖縄タイムス、1955〈昭和30〉年4月12日）。

　なお、琉球気象台での雨の測定方法は既に東京中央気象台（現気象庁気象研究所）に準じて雨水採取器で採取した雨水100ccを蒸発乾固した残渣を測定する方法を採用しており、測定値も全計測値から自然界に存在する自然放射能値を差し引いた正味の人工放射能計測値で公表している。

　また、当時の厚生省の諮問機関である原水爆実験による影響の科学的調査を担当した原爆対策協議会の環境衛生部会も「最近各地に降った強い放射能の雨及びチリによる人体への危険はないとの結論に達した」と公表している（琉球新報、1957〈昭和32〉年4月23日）。

　翌年の1958（昭和33）年5月21日付の沖縄タイムス、琉球新報の両紙によると、琉球気象台は19日の18時28分から20日の2時38分までに降った雨の降り始め1mmの放射能濃度が8,863カウントを検出したと発表、また19日9時から20日9時までの24時間降雨量（降り始めの1mmを除いた24時間降雨量）の放射能濃度は2,638カウントであったと発表（琉球新報、1958〈昭和33〉年5月22日）。更に、これまで1L当たり数千カウント単位だった放射能雨が7月6日の降雨2.6mmの降り始めの雨100ccから琉球気象台が測定開始以来の171,182カウント/Lの最高放射能雨を検出、同放射能は6月28、29日前後の約1週間にわたって南太平洋のエニウェトク環礁で行われたアメリカの水爆実験によるもではないかと推察している。琉球気象台は、前年の1957（昭和32）年4月5日に福岡で日本最高値の34万カウントを検出しており、沖縄ではこれが初めてで見間違いではないかと念をおして測ってみたがやはり17万を超えていたとのことである。ただ雨が少なかったからどうと

いうことはないだろうが、なるべく雨は飲まないほうがいいでしょうと
コメントしている（沖縄タイムス、琉球新報、1958〈昭和33〉年7月
7日）。

　また、琉球気象台では雨水に17万カウントの放射能が検出されたの
を受けて、7日の昼2時に水道水の放射能検査を行った。その結果は平
均25カウントで、水道水の放射能は自然放射能レベルと発表（沖縄タ
イムス、1958〈昭和33〉年7月8日）。一方、琉球政府社会局公衆衛生
課は、17万カウントの放射能雨は前代未聞であり、雨水はろ過飲用し、
井戸には蓋をして天水は飲まないように、また野菜はしっかり洗って使
用するように指導するとともに、雨に濡れたから、天水を飲んだから今
すぐに体内に影響が出ることはないとコメントしたようである（琉球新
報、1958〈昭和33〉年7月8日）。

コラム8 ｜ ビキニ事件と科学者の社会的責任

「ビキニ事件と科学者の社会的責任」と題し、立教大学名誉教授の田島
英三博士が特集号[16]で下記のように述べられている。

　1954年は日本が華やかに原子力開発に踏み切った年であった。とこ
ろが3月16日のビキニ原爆実験に遭遇した第五福竜丸事件が報道され
ると日本は放射能パニックともいうべき状態になってしまった。汚染さ
れたマグロが市場に出荷され、廃棄され、魚価は暴落して止まるところ
を知らなかった。3月6日に伊良湖岬（愛知県渥美半島）に、5月16
日には日本の全国津々浦々で放射能雨が検出され原爆実験の影響がます
ます身近なものとなった。特に、天水使用者に強い衝撃を与えた。これ
に対し、政府も科学者たちもほとんどなす術がなく、事態を正当に評価
することが出来なかった。政府は臨時費を支出して測定器の普及を図っ
たが、いわゆる「カウント」だけを競うようにニュースメディアに報道
され新たな混乱を招いた。放射線の影響に関して、これを正しく評価で
きるものはまれで、実際、国際放射線防護委員会（ICRP）[注釈11]の存在
すら知るものは皆無に近かった。放射能の基礎的問題や影響研究の体制

を検討し、1957（昭和32）年には科学技術庁放射線医学総合研究所が設立される運びとなった。1954年の秋「日米放射能会議」が上野の学術会議で5日間開かれた。この会議の実態は日本側が米国側から知識を吸収するようなものであった。この会議を境にして放射雨や汚染マグロなどの社会不安は急速に収束していった。

注釈11）ICRP：International Commission on Radiological Protection
　国際放射線防護委員会（ICRP）はイギリスの独立公認慈善事業団体で、1928（昭和3）年設立の「国際X線及びラジウム防護委員会」を基に1950（昭和25）年独立して対象を電離放射線に広げ今の名称となった。ICRPの事業目的は、科学的、公益的観点に立って、電離放射線の被ばくによるがんやその他疾病の発生を低減する事、及び放射線照査による環境影響を低減することにある。放射線防護の考え方（理念）、被ばく線量限度、規制の在り方等に関する勧告は、世界各国の放射線被ばくの安全基準作成の際に尊重されている。（原子力百科事典「ATOMICA」）

コラム9　最近における核実験と放射能観測結果

　気象庁観測部小池亮治博士の「最近における核実験と放射能観測結果」[17]によると、気象庁が1955（昭和30）年4月に放射能の観測を開始して以来の雨の放射能の最高値は1cc（シーシー）当たり1,820μμCi（マイクロ・マイクロキュリー；67.34kBq/L、1961〈昭和36〉年11月15日、福岡、定量雨）で、塵の放射能の最高値は280μμCi/m³（10.4Bq/m³、1961〈昭和36〉年11月6日、大阪）であった。今年に入って雨の放射能の最高値は4.0μμCi/cc（148Bq/L、1962〈昭和37〉年9月4日、札幌、定量）で、塵の放射能の最高値は57μμCi/m³（2.1Bq/m³、1962〈昭和37〉年8月27日、大阪）であった。これらは、いずれも北極圏における核爆発実験によるものと推察し、偏西風に乗って直接日本に達したものであると述べておられる。また、このような事象から、日

本国内には米国が太平洋核実験場で行った放射性降下物は、太平洋高気圧や低気圧によって運ばれ、ソ連（旧ソビエト社会主義共和国連邦：現ロシア共和国）が北極圏で核実験を行うと偏西風によって日本国内に運ばれることを述べている。

13. 沖縄県沿岸域海産生物の放射性コバルト について

　1954年に行われたビキニ・エニウェトク環礁での核爆発実験は、放射性物質による地球的規模の環境汚染をもたらした（図5）。キャッスル作戦での世界的規模の放射性降下物（World-Wide Fallout from Operation Castle；US Energy Department）[11] によれば、水爆実験によって生成された放射性降下物の一部は太平洋高気圧のセルによって太平洋の西側に運ばれ夏と早秋のころは日本列島に向かって輸送された。また、一方、放射性降下物によって汚染された汚染海域は北緯10度から25度の貿易風帯に存在する北赤道海流によってフィリピン東方海上に達し、黒潮によって日本南岸に達することが解った（図4）。

　カリフォルニア大学スクリップス海洋研究所の Dr. T. R. Folsom らは「Silver-110m and Cobalt-60 in Oceanic and Costal Organisms」（海洋及び沿岸生物中の銀110m やコバルト 60)[18] の論文で、1963（昭和38）年にカリフォルニア沿岸に沿って採取した海産生物をガンマ線スペクトロメトリによって調べていると、しばしばコバルト60の小さな痕跡が加わって含まれているのが見られた。コバルトは多くの生物にとって正常な成長に不可欠であることから、分布を調べることに興味をいだき、1964（昭和39）年に沖縄沿岸域から採取したトビイカ肝臓から生重量1kg当たり放射性の銀110m が1,500±100pCi（55.5±3.7Bq）、コバルト60が600±40pCi（22.2±1.5Bq）、ムラサキイガイ（ムール貝）に40±4pCi（1.5±0.1Bq）のコバルト60を検出している。一方、北海道の日本海側と太平洋側沿岸で採取したスジイカ肝臓からは放射性銀110m が750±150pCi（27.8±5.6Bq）と500±100pCi（18.5±3.7Bq）検出されたがコバルト60は両試料とも検出限界以下であった。

　以前述べたように、北半球の太平洋では、北東貿易風によって形成される熱帯海域を東から西のフィリピン方向に向かって流れる北赤道海流

があり、フィリピン沖で黒潮として沖縄近海を北上し、四国・本州南岸に沿って房総半島沖合で東向きに流れ北太平洋海流となってカリフォルニア沖合で南下する亜熱帯循環流がある。一方、カムチャッカ半島から北海道方面に南下する寒流の親潮としての亜寒帯寒流があり、Dr. T. R. Folsom は北海道と沖縄でイカの検体を採取し北西太平洋の2つの主要な海流に生息する生物の放射性降下物濃度を比較している。即ち、沖縄は黒潮の比較的開放的な海域に位置しており、黒潮の右側にある太平洋の回廊内での反転流は1957－1962（昭和32－37）年の日本の報告で比較的高濃度の放射性降下物であるセシウム137とストロンチウム90が報告されている。また、沖縄のムラサキイガイはカリフォルニア沿岸域でのムラサキイガイ以上にコバルト60濃度が高かったが、これは異なる属のものであり、降雨、潮流及びその他の条件が異なる地域で収集されていることによるものと指摘している（著者としては、沖縄のムラサキイガイがカリフォルニアのムラサキイガイに比べてコバルト60濃度が高かったのは、属の違いより実験地であるビキニ、エニウェトク環礁からの潮流による距離や希釈率及び半減期による減衰等による差異も推察された）。更に、コバルト60は海流によって太平洋の遠くの部分に到達する可能性があり、半減期の短い銀110m[注釈12] が検出されていることから、1961（昭和36）年と1962（昭和37）年の大型核実験による放射性降下物を推察している。

注釈12）天然に存在する銀の安定同位元素として、銀107（[107]Ag：48.161％）と銀109（[109]Ag：51.839％）の2種類がある。銀は中性子を吸収しやすい性質を持つことなどから、原子炉や原子核兵器に用いられており、28種類の放射性同位体が発見されているが環境中では半減期の長い銀108m（[108m]Ag：半減期418年）、銀110m（[110m]Ag：半減期249.95日）が問題となる（Wikipedia）。

旧水産庁東海区水産研究所（現国立研究開発法人水産研究・教育機構中央水産研究所）の吉田勝彦博士は沖縄県の本土復帰に伴い、米国

原子力軍艦の寄港に伴う放射能調査の一環として、1974（昭和49）から1976（昭和51）年にかけて中城湾の原子力軍艦寄港地であるホワイトビーチ港を中心に浜比嘉島南、南浮原島、津堅島及びコマカ島で魚類（8種類）や海藻、ナマコ及びシャコガイ等を採取し放射能調査を行った[19]。

　結果として、シャコガイの軟体部（以下、シャコガイとする）を除く他の海産生物からは人工放射性核種は検出されなかった。シャコガイは14試料中13試料に21±9〜200±20 pCi/kg 生重量（0.78±0.33〜7.4±0.74 Bq/kg［生］）の範囲でコバルト60が検出された。また、コバルト60が検出された試料の採取地点の分布をみると、沖縄本島中部の太平洋側に面する中城湾口を囲んで扇形に点在する各地点、ホワイトビーチ：検出限界以下〜21±9 pCi/kg［生］（検出限界以下〜0.78±0.33 Bq/kg［生］）、ホワイトビーチ港の半島島陰の東側に位置し、無人の浮原小島：32±8〜132±13 pCi/kg［生］（1.18±0.30〜4.88±0.48 Bq/kg［生］）、米国原子力軍艦がホワイトビーチ港へ入出港する際の航路に最も近い位置にある有人島の津堅島：30±7 pCi/kg［生］（1.11±0.26 Bq/kg［生］）、津堅島から南南西約8 km方向の洋上に位置する久高島環礁：171±17 pCi/kg［生］（6.33±0.63 Bq/kg［生］）及び中城湾口の最も南に位置するコマカ無人小島：49±8〜200±20 pCi/kg［生］（1.81±0.30〜7.4±0.74 Bq/kg［生］）のみならず、沖縄本島北部に位置し東シナ海側に面する運天港：157±14 pCi/kg［生］（5.81±0.52 Bq/kg［生］）、及び沖縄本島から約400 km離れた南の石垣島から採取した試料：64±12 pCi/kg［生］（2.37±0.44 Bq/kg［生］）からも検出された。しかも、検出されたコバルト60濃度は中城湾を囲む採取地点での濃度範囲であり、また、ほぼ同一地点で採取されたホンダワラ属海藻類にマンガン54（[54]Mn：半減期312.3日）等の誘導放射性核種が検出されないこと等から原子力発電所周辺海域で得られる知見と様相を異にすることを報告している。

　著者も沖縄県の本土復帰前の1971（昭和46）年に沖縄沿岸域の海産生物の放射能調査を行った際、富士通のAN-400マルチチャンネル波高分装置と3インチ×3インチNaI（TL）検出器を用いてシャコガイから

コバルト60を検出したが、起源を解明するには至らなかった。

　このような環境中の放射能汚染調査の時代的背景から、財団法人日本分析センターの深津弘子技師らも1977（昭和52）年から海産生物中の安定及び放射性コバルトの調査を始め、海藻類や魚類より貝類（軟体部）やイカ類（内臓）に濃縮する傾向が大きいことを示した[20]。

　本県では1972（昭和47）年5月の本土復帰前から米国原子力潜水艦の自由寄港があり、これまで幾度か沖縄近海の海産生物にコバルト60が検出され社会的不安を巻き起こしてきた。このような沖縄の社会的情勢から著者らも本県沿岸域に棲息する海産生物中の放射性コバルト60のバックグラウンドレベルを掌握するためシャコガイと1981（昭和56）年からメンガイも対象に調査した[21]。メンガイを指標生物とした理由として、シャコガイは食用に供されている関係から採取が困難な場合が多く、ウミギクガイ科のメンガイはシャコガイ同様の二枚貝で港湾岸壁等や潮間帯域に生息し、沖縄県の離島を含めた全沿岸域で採取可能であったことが挙げられる。

　1977（昭和52）年9月から1985（昭和60）年3月にかけて与那国島、西表島、石垣島、宮古島、座間味島、久米島、中城湾、伊是名島からシャコガイを主として、補助的にメンガイを採取した（図6）。

　沖縄県最西端の与那国島（4.3～8.7 pCi/kg［生］〈0.16～0.32 Bq/kg［生］〉）から最北端の伊是名島（4.7 pCi/kg［生］〈0.17 Bq/kg［生］〉）まで採取した全試料にコバルト60が2.3～153.8 pCi/kg［生］（0.09～5.69 Bq/kg［生］）の範囲で分布していた。

　最高値は1977（昭和52）年9月に石垣島で採取したシャコガイで、最低値も1982年1月に石垣港で採取したメンガイである。また、1977年9月に石垣島で

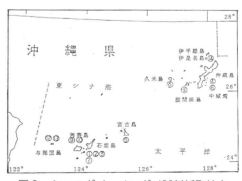

図6　シャコガイ、メンガイ試料採取地点

採取した殻長10－15cmのシャコガイ（コバルト60：153.8 pCi/kg［生］〈5.69 Bq/kg［生］〉）からビキニ環礁周辺で報告されているビスマス207（207Bi：半減期38年）が検出された。

| コラム10 | ビキニ環礁における食品、土壌、空気、地下水の放射能調査 |

米国原子力委員会の Oliver D. T. Lynch, Jr 博士らによって1975（昭和50）年2月にまとめられた「Radiological Survey of Food, Soil, Air and Groundwater at BIKINI Atoll（ビキニ環礁における食物、土壌、空気、地下水の放射能調査)」報告書[22]によれば、1970（昭和45）年6月、1971（昭和46）年11月、1972（昭和47）年3月、5月に採取した食品・土壌・大気及び地下水試料等の放射能分析結果で、ビキニ島の土壌中の主要放射性核種は鉄55、コバルト60、ストロンチウム90、アンチモン125（125Sb：半減期2.76年）、セシウム137、ユウロピウム155（155Eu：半減期4.9年）、ビスマス207（207Bi：半減期38年）、プルトニウム238（238Pu：半減期87.74年）、プルトニウム239、240（240Pu：半減期6,570年）とアメニシウム241（241Am：半減期433年）。クレータ堆積物では、コバルト60、ロジウム102（102Rh：半減期207日）、セシウム137、ユウロピウム155、ビスマス207、プルトニウム238、プルトニウム239、240およびアメニシウム241。魚では、鉄55、コバルト60、ストロンチウム90、セシウム137およびビスマス207が主な放射性核種であると報告されている。米国が太平洋核実験場の一つとして使用したビキニ島では1946（昭和21）年から1958（昭和33）年7月までの12年間に23回の大気圏内核実験を実施しており、約12年経過後の調査報告書である。

また、金沢大学理学部付属低レベル放射能実験施設長の阪上正信教授等によって1979（昭和54）年4月下旬頃に東京・夢の島の第五福竜丸展示館を訪ね in-situ Ge 検出器（現場での直接ゲルマニウム半導体検出器システムを用いての測定）で、船体の他、延縄や延縄の浮きの目印に

使用していたシュロ（ボンテンチク）、船体塗料などの放射能測定を行い、セシウム137、コバルト60、アンチモン125、ユウロピウム155、アメニシウム241をレベルが低いながらも検出している[23]。

このように核実験に伴って放出された核分裂生成物のセシウム137やストロンチウム90等だけでなく核爆弾の構造材に起因する誘導放射性物質の鉄55、コバルト60、アンチモン125等が25年経過後も放射性降下物として環境中で検出されている。

2001（平成13）年10月発行の水産庁中央水産研究所ニュースに掲載された鈴木穎介博士の『環境放射能における謎、ビスマス207』[24]によると、1980年代に蒼鷹丸による航海によって北はオホーツク海から南は南西諸島海域まで柱状採泥器によって海底土試料を採取する機会を得た。採取した80点近くの試料の分析結果からビスマス207は相模湾のみならず、日本周辺海域にセシウム137と共に広範囲に分布し、セシウム137の数パーセントから半分程度、稀にはセシウム137以上の量で存在していたことを報告している。なお、地球環境においてビスマス207の存在が僅かに報告されているのは、北極海上の旧ソ連の核実験場ノバヤゼムリャ島及び太平洋上のアメリカの核実験場であったビキニ、エニウェトク環礁においてであり、他に有力な汚染源は見あたらないことから日本周辺海域に存在しているビスマス207はビキニ、エニウェトク環礁から北赤道海流及び黒潮で運ばれて来たと推察している。

1979（昭和54）年3月に中城湾で採取したシャコガイではコバルト60が3.1 ± 0.6 pCi/kg生（0.11 ± 0.02 Bq/kg生）とセシウム137が、8月に宮古島で採取したシャコガイでは37.5 ± 1.8 pCi/kg生（1.39 ± 0.07 Bq/kg生）のコバルト60が検出された。1981（昭和56）年3月にシャコガイに代わって、中城湾から二枚貝のメンガイを採取し放射能測定をした。メンガイ軟体部にコバルト60（19.6 ± 1.6 pCi/kg生〈0.73 ± 0.06 Bq/kg生〉）以外に、1980（昭和55年）年10月16日に実施された第26回中国大気圏内核実験による核分裂性放射性降下物としてセリウム144、バリウム140（^{140}Ba：半減期12.75日）、ランタン140（^{140}La：半減期1.68日）、ルテニウム103（^{103}Ru：半減期39.26日）、ルテニウム106（^{106}Ru：半減期

373.59日）、ジルコニウム95、ニオブ95等が検出された。また、1982（昭和57）年1月に石垣島で採取したメンガイにコバルト60が2.3±0.6 pCi/kg生（0.09±0.02 Bq/kg生）と放射性降下物のセリウム144、1984（昭和59）年8月に与那国島で採取したメンガイにコバルト60が4.3±0.9 pCi/kg生（0.16±0.03 Bq/kg生）と放射性降下物のセシウム137が検出された。

　また、リーフ域に棲息するシャコガイと岩場や港内に棲息するメンガイとのコバルト60濃度について検討してみた。1982（昭和57）年から1985（昭和60）年にかけて沖縄県の南端に位置する石垣島、西表島、久米島、西端に位置する与那国島並びに沖縄本島中城湾、北端に位置する伊是名島で採取したメンガイのコバルト60濃度は2.3〜6.5 pCi/kg生（0.09〜0.24 Bq/kg生）の範囲に分布し平均濃度は4.3±1.5 pCi/kg生（0.16±0.06 Bq/kg生）であった。同期間に与那国島、西表島、座間味島及び中城湾で並行して採取したシャコガイのコバルト60濃度は4.8〜8.7 pCi/kg生（0.18〜0.32 Bq/kg生）で平均濃度は6.2±2.2 pCi/kg生（0.23±0.08 Bq/kg生）でシャコガイ・メンガイのコバルト60濃度に明らかな優位差は見られなかった。

　海水中のコバルトについて、人為的に作られたコバルト60が導入されると海水中の生物は摂取に際し人為的につくられたコバルト60と天然のコバルトとを識別することが出来ず、生物中の比放射能は汚染源の比放射能と等しくなるものと考えられると山県登博士は述べられている[25]。

　一方、シャコガイとメンガイ中のコバルト60濃度に種の優位差が見られないことから安定コバルトについても検討してみた。シャコガイの安定コバルト濃度は237〜1,700 µg/kg生（平均849 µg/kg生）、メンガイの安定コバルト濃度は596〜1,438 µg/kg生（平均1,064 µg/kg生）と安定コバルト濃度はシャコガイより若干メンガイの濃度が高い傾向を示した。

　水産庁東海区水産研究所の吉田勝彦博士は、1974（昭和49）〜1975（昭和50）年度にかけての中城湾内のホワイトビーチ、南北浮原島、ウフビシ、コマカ島、運天港及び石垣島でのシャコガイのコバルト60

濃度調査において、湾内のシャコガイより外洋に面したリーフ地帯のシャコガイに高い値が検出されることから生育環境の違いを推察している[19]。また、環境中の海水には一定割合で元素が溶存しており、海産生物は金属イオンの安定元素と放射性元素を識別することなく摂取する。安定元素と放射性同位元素の比放射能を調べることによって海産生物の生育海水の環境を調べることが出来ると述べておられる[20]。

　これらの事から、シャコガイ、メンガイ中の比放射能（安定コバルトに対するコバルト60の比）について検討してみると、シャコガイ、メンガイ中の比放射能は0.006〜0.156 pCi/µg Co（0.0002〜0.0058 Bq/µg Co）の範囲で、平均値は0.048±0.057 pCi/µg Co（0.0018±0.0021 Bq/µg Co）であった。

　九州大学理学部化学教室の百島則幸教授らは1983（昭和58）年に原子力発電施設の環境モニタリングにおいて重要な放射性核種であるコバルト60に着目し、そのバックグラウンドレベル評価を目的として九州一円でよく見られるムラサキインコガイとムラサキイガイの放射性及び安定コバルトを調査[26]し、ムラサキインコガイのコバルト60濃度は0.35〜1.35 pCi/kg 生（0.013〜0.050 Bq/kg 生）の範囲で、ムラサキイガイは0.11〜0.19 pCi/kg 生（0.0041〜0.0070 Bq/kg 生）の範囲であった。比放射能は貝の種類、採取地点及び貝の大きさによる違いは少なく、比較的狭い範囲に分布し、比放射能の平均値は0.0034 pCi/µg Co（0.13×10^{-3} Bq/µg Co）であった。また、1979（昭和54）年に長崎県壱岐で捕獲されたイルカについても組織毎のコバルト60と安定コバルトの調査を行っており、上記沿岸性の貝類より外洋性のイルカ（平均値：0.031 pCi/µg Co［1.1×10^{-3} Bq/µg Co］）の比放射能が一桁高いことを報告している[27]。

　㈶日本分析センターの深津弘子技官らは1978（昭和53）〜1983（昭和58）年まで北海道から沖縄までの国内沿岸域の海産生物中の放射性コバルト、銀及び安定コバルトを調査[28]して、沿岸域の貝類（比放射能平均値：0.0037 pCi/µg Co［0.14×10^{-3} Bq/µg Co］）より回遊性のスルメイカ（比放射能平均値：0.021 pCi/µg Co［0.8×10^{-3} Bq/µg Co］）やトビイカ（比放

射能平均値：0.048 pCi/µg Co [1.7×10^{-3} Bq/µg Co]）が一桁高い値を示すことから、その要因として海流と沿岸との環境の差を挙げている。

　シャコガイ、メンガイの比放射能を同時期に調査した深津らのデータと比較してみると、外洋性のトビイカの比放射能と良い一致を示している。これらの事からシャコガイ、メンガイ中のコバルト60濃度は外洋性の海流の影響が推察された。

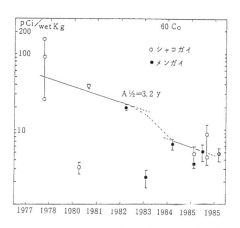

図7　シャコガイ・メンガイ中のコバルト60濃度の経年変化

　また、シャコガイ・メンガイとも、ほぼ同様な濃縮傾向を示すことから、両試料の採取時における経年変化をプロットしてみた（図7）。その結果、シャコガイ、メンガイ中のコバルト60濃度は見かけ上の半減期3.2年で減衰していることが判明した。この値は、米国スクリップス海洋研究所の V. F. Hodge 等が1964（昭和39）年から1971（昭和46）年までのマグロの肝臓中の^{60}Co濃度を分析測定して見かけ上の半減期2.6年で減衰していることを「As Estimated from Studies of a Tuna Population（マグロ個体群研究からの推察）」で報告[29]しており、深津らもスルメイカ（内臓）のコバルト60濃度が見かけ上の半減期4.8±1.4年を得ており両半減期に近い値である。

　因みに、1964年に T. R. Folsom 博士らが沖縄沿岸域でイカの肝臓中のコバルト60濃度から、この見かけ上の半減期を用いて現在の放射能値に換算すると約8 pCi/kg 生（0.30 Bq/kg 生）が得られ、現在検出されているコバルト60濃度の平均値約5 pCi/k 生（0.19 Bq/kg 生）と良い一致を示す。このように、沖縄県沿岸域は本邦沿岸域と環境条件を異にし、絶えず外洋性海流の影響を受けているものと考えられる事から海産生物

中に検出される放射性核種のコバルト60の大部分は黒潮によって運ばれてくることが考察されることから、1950～1960年代に行われた大規模核実験による影響が推察された。

14. 中国核実験時の影響調査

　1952（昭和27）年から1963（昭和38）年まで米国はマーシャル諸島の太平洋核実験場でメガトンクラスの水爆実験を行って来た。ソ連も1955年11月には水爆実験に成功して米ソ両国の核開発競争が激しくなった。しかし、1962（昭和37）年秋にキューバ危機が起こり、米国とソ連は核戦争一歩手前までエスカレートした苦い経験から米・ソ・英の3カ国が地下を除く大気圏内、宇宙空間及び水中での核実験を停止する部分的核実験禁止条約を1963（昭和38）年8月にモスクワで締結し10月に発効した（Wikepedia）。

　一方、中共（中華人民共和国）は1964（昭和39）年10月16日に初の核実験に成功し、18日夕刻から19日にかけて採取した降下塵から中国核実験による放射性降下物が検出されたと気象研究所の猿橋勝子博士らは述べている[30]。沖縄では「琉球政府における核実験の影響調査」の項で述べたように、1955（昭和30）年から琉球気象台が気象観測の一部として降水観測と共に雨水に含まれる全ベータ放射能測定を開始し、逐次、琉球政府と米国民政府に調査結果を報告している。

　1972（昭和47）年5月15日の本土復帰に伴って、従来琉球政府で行っていた放射能調査業務が科学技術庁に移管され、原子力軍艦寄港に伴う放射能調査と共に核爆発実験時の影響調査も委託業務として行うようになり、翌年の11月29、30日に開催された科学技術庁主催の昭和47年度・第15回放射能調査研究成果発表会から初めて環境中の種々の放射能調査の研究発表会に参加する機会が得られた。

　一方、復帰に伴って勝連町（現うるま市）のホワイトビーチに寄港する原子力艦調査に対応するため、ホワイトビーチに隣接した県道8号線沿いの与那城村字饒辺（現うるま市）に科学技術庁沖縄原子力軍艦放射能調査施設が翌年建設された。それまで那覇市の県公害衛生研究所放射能分室で実施していた環境放射能調査も1973（昭和48）年の8

月には新庁舎に移設し観測を始めた。この間の6月27日に中国による第15回大気圏内核爆発実験が行われ、一週間後の7月4〜13日にかけて採取した雨水から最高値716.0 pCi/L（26.5 Bq/L）、最低値119.7 pCi/L（4.4 Bq/L）が検出されたが7月の月間降下量としては15.5 mCi/km²（0.57 GBq/km²）であった[31]。同降下量は、コラム12で述べる内閣放射能対策本部が放射能対策暫定指標値で示した第一段階、全ベータ放射能値2.5 Ci/km²（92.5 GBq/km²）で放射能レベルの推進を監視し、必要な指導、助成等を行う指標値の約160分の1の降下量であった。翌1974（昭和49）年6月17日に第16回中国大気圏内核爆発実験が実施され、5日後の6月22、23日に242.2〜181.1 pCi/L（9.0〜6.7 Bq/L）の全ベータ放射能値が雨水に検出されたが、6月の月間降下量は7.4 mCi/km²（0.27 GBq/km²）で放射能対策暫定指標値に示された第一段階の約338分の1の降下量であった。また、雨水の核種分析からネプツニウム239、ウラン237（^{237}U：半減期6.75日）、バリウム140、ランタン140[注釈13]、テルル132（^{132}Te：半減期3.204日）、ヨウ素132（^{132}I：半減期2.295時間）[注釈14]、ヨウ素131（^{131}I：半減期8.04日）、ルテニウム103、モリブデン99（^{99}Mo：66.02時間）、テクネチウム99m（^{99m}Tc：6.01時間）[注釈15]等の核分裂生成物を検出した[32]。1977（昭和52）年9月17日に行われた第22回中国大気圏内核爆発実験[33]では20〜21日の午前9時までに採取した大気浮遊じん中に平常値の約16倍に相当する1 m³当たり1.62 pCi（0.06 Bq/m³）の放射能が検出され、22日には1個当たり最低値4,888.5〜最高値16,774.7 pCi（180.9〜620.7 Bq/個）の強放射能粒子が12 m²より6個検出された。強放射能粒子の降下量は3.27 mCi/km²（0.12 GBq/km²）と推定され放射能対策暫定指標値の約771分の1であった。また、1978年3月15日に行われた第23回中国大気圏内核爆発実験[33]も第22回中国大気圏内核爆発実験同様に小型のTNT火薬換算で20キロトン級であったようであるが、19日に大気浮遊じんに1.91 pCi/m³（0.07 Bq/m³）が検出され、水盤法による降下じんの24時間露出捕集法による降下じんは1.15 mCi/km²（0.04 Gq/km²）が検出された。続いて20日には浮遊じんが6.85 pCi/m³（0.25 Bq/m³）、降下じん18.10 mCi/km²

（0.67 GBq/km²）をピークに減少傾向を示した。なお、観測された降下じんの降下量は放射能対策暫定指標値の138分の1であった。また、強放射能粒子は19日に約6 m²より790.92 pCi/個（29.26 Bq/個）、20日には355.12〜782.41 pCi/個（13.14〜28.95 Bq/個）の強放射能粒子3個が検出された。第22回に比べ第23回中国核爆発実験による放射性降下物の当県への影響は浮遊じん及び降下じん中に大きく現れるが、強放射能粒子の降下は少なかった。なお、20日に観測された降下じんとして観測された放射性降下物の当県への降下量は放射能対策暫定指標値の約140分の1であった。

　中国の大気圏内核爆発実験は第24回が地下核爆発実験のため当県への影響は観測されなかった。1978（昭和53）年12月14日に第25回大気圏内核爆発実験[34]が行われ、当県への放射性降下物の影響は6日後から現れ始め、12月21日採取降下じんより0.93 mCi/km²（0.03 GBq/km²）、12月24日採取浮遊じんから0.91 pCi/m³（0.03 Bq/m³）と調査期間中の最高値が観測された。なお、同調査期間中ほとんど降雨がなく降下じんによる降下積算量も2.25 mCi/km²（0.08 GBq/km²）で放射能対策暫定指標値の約1,156分の1であった。1980（昭和55）年10月16日に第26回大気圏内核爆発実験[35]が行われ、その影響は12月から雨水、浮遊じんに検出され始め、放射性降下物は3月まで雨水に観測された。因みに、11月までの雨水試料の放射能濃度は検出限界から最高45.5 pCi/L（1.69 Bq/L）の範囲で推移していたが、12月の雨水中の全ベータ放射能は18.8〜182.9 pCi/L（0.70〜6.77 Bq/L）、1981（昭和56）年1月は15.5〜151.3 pCi/L（0.57〜5.60 Bq/L）、2月は23.0〜134.9 pCi/L（0.85〜5.00 Bq/L）、3月は4.6〜45.4 pCi/L（0.17〜1.68 Bq/L）と次第に減衰した。また、12月に採取した浮遊じん試料をガンマ線スペクトルメトリ分析した結果、核分裂生成物のセリウム144、バリウム140、ランタン140、ルテニウム103、ジルコニウム95、ネオブ95や誘導放射性核種のマンガン54等の核種が検出された。1981（昭和56）年3月に最大月間降下量36.9 mCi/km²（1.37 GBq/km²）が観測されたが、放射能対策暫定指標値の約68分の1であった。

　第26回中国大気圏内核爆発実験は200キロトン〜1メガトンと推定されており、核分裂生成物が成層圏内に吹き上げられ、地球上空を周回しながら遅れて大気圏内に降下してきたことが推察された。なお、中国の大気圏内核爆発実験は第26回をもって終了した。

　バリウム140、テルル132、及びモリブデン99は下記のように崩壊生成する（アイソトープ手帳、㈳日本アイソトープ協会、昭和55年）。

注釈13）　バリウム140がベータ崩壊して半減期12.75日でランタン140に変わり、ランタン140も更にベータ壊変して半減期1.68日で安定なセリウム140に変わる。

注釈14）　テルル132が半減期3.204日でベータ壊変してヨウ素132となり、ヨウ素132は半減期2.295時間でベータ壊変して安定なキセノン132になる。

注釈15）　モリブデン99が半減期66.02時間でベータ壊変して87.7%が^{99m}Tc（メタステーブル99・テクネチウム）、12.3%がテクネチウム99となる。^{99m}Tcは核異性体転移[注釈16]に伴ってガンマ線が放出され、半減期6時間で^{99}Tc（半減期：21万4,000年）となる。

注釈16）　核異性体転移とは、核分裂のアルファ線崩壊やベータ線崩壊の直後の原子核はエネルギーの高い励起状態にあることがある。この励起した原子核の持つ余分なエネルギーをガンマ線の形で放出することによってエネルギーの低い基底状態に移る過程をいう（Wikipedia）。

コラム11 ｜ 強放射能粒子

　強放射能粒子とは、核爆発によって超高温で溶融した核分裂生成物や核爆弾材料等の金属類が大気圏や成層圏に放出され、やがて冷却される

に従って数ミクロンから数十ミクロン単位の粒子となり放射性降下物として気流に乗って環境中に降下する。

　元大阪府立放射線中央研究所次長の真室哲雄博士は2017（平成29）年6月13日に行われた安心科学アカデミー主催の対談「塵と放射能と私」（平成17〈2005〉年4月23日開催）で、ソ連は1958（昭和33）年10月から暫くの間核爆発実験を停止していたが、1961年9月に突然核爆発実験を再開宣言し、シベリアで一連の大型核爆発実験を2カ月にわたって行った。当時、大気や雨水の放射能濃度が桁違いに相違を示すことがしばしばあり関係者は当惑していた。時々、とてつもなく高い放射能濃度が新聞報道され全国的に人心を不安にかき立てていた。このような異常は、爆心地から遠い我が国のような遠隔地にも放射能の強い粒子が飛来しているのではないかと推測し、捕集した大気浮遊じんのろ紙をX線フィルムに密着して現像してみたところ（著者注：オートラジオグラフィーという）、夜空の星のような写真が得られ、数ミクロンから数ミリミクロンの強放射能粒子が確認された。

　また、新潟大学理学部科学教室の小山誠太郎教授もGM計数管で強放射能粒子を検出され、ジャイアントパーティクルと命名し大々的に新聞報道されたようである。新潟では、1962（昭和37）年9月のソ連核爆発実験の際、1個6万5千カウント（195,000 pCi［7,215 Bq］）、1965（昭和40）年5月の中国第2回核爆発実験では1個2万9千カウント（87,000 pCi［3,219 Bq］）、1966（昭和41）年5月11日の中国第三回核爆発実験では、1個50万カウント（1,500,000 pCi［55,500 Bq］）を含む29個のジャイアントパーティクル（強放射能粒子）を検出したと発表（沖縄タイムス、1966〈昭和41〉年5月11日）。

　このような社会的状況から当時は、核実験のたびごとに雨に濡れないようにとか、天水飲用者に対し、ろ過後の飲用指示や野菜類の洗浄指示など、飲食物との生産流通面での管理助成が行われるとともに上水道の整備が急がれた。

| コラム12 | 放射能対策暫定指標値 |

1960年代になって米国・ソ連などの軍拡競争に伴った大気圏内核爆発実験による放射性降下物（ファールアウト）が我が国でもかなり観測されたことから、飲料水として利用されている天水や野菜類への影響を調べるため内閣に放射能対策本部が設定され当面の指針として暫定指標値[36]が1962（昭和37）年設定されたが、2003（平成15）年11月に廃止された。

内容として、放射性降下物が急増する場合に行われるべき緊急事態対策と、長寿命放射性降下物の蓄積が漸増かつ持続する恐れのある場合に行われるべき持続事態対策に区別され、前者に対しては雨及び塵の全ベータ放射能レベルを、後者に於いてはSr-90[注釈17]の降下積算量をとる内容であった。

1．緊急事態対策

　　さしあたり、放射性降下物（雨及び塵中）の降下量が1観測地点に於いて1カ月を超えない期間中に下記の値に達することが予想される場合を緊急事態対策実施の指標とする。

　　第一段階　2.5Ci 全 β 放射能/km² 以上（92.5 GBq/km²：ギガベクレル：925億ベクレル）

　　第一段階においては、放射能調査業務を強力に推進し、放射能レベルの推移を厳重に監視するとともに、必要な指導、助成等を行う。

　　第二段階　25Ci 全 β 放射能/km² 以上（925 GBq/km²：9250億ベクレル）

　　第二段階においては、たとえば天水飲用者に対するろ過後飲用の指示、飲食物の生産流通面での管理助成等が必要となる。

2．持続事態対策

　　さしあたり長半減期放射性降下物の代表核種であるストロンチウム90の降下積算量を指標として下記のごとく段階を設定し、降下

積算量の増加に応じて対策を強化する。

　第一段階　20 mCi^{90}Sr/km^{2}以上（0.74 GBq^{90}Sr/km^2：7.4億ベクレル）
　第二段階　100 mCi^{90}Sr/km^{2}以上（3.7 GBq^{90}Sr/km^2：37億ベクレル）
　第一段階においては、放射能調査業務により環境放射能レベル及びその増減の傾向を常時観察すると共に、対策に関する試験研究を推進し必要に応じ対策の実施をはかる。
　第二段階においては、飲食物の生産、流通の管理、指導、助成等の行政措置をとる。

注釈17）ストロンチウム90
　半減期が28.8年と長い核分裂生成物で、核実験で生成しやすく体内に取り入れられるとカルシウム同様に骨に沈着する放射性物質である。
　ストロンチウム90は545.9 keVのベータ線を放出してイットリウム90を生成し、イットリウム90は半減期64.5時間で2279.8 keVの透過性の高いベータ線を放出して安定なジルコニウム90（^{90}Zr）となるため、内部被ばくによる骨腫瘍の危険性がある（Wikipedia）。

15. 1980（昭和55）年：米国原子力巡洋艦「ロングビーチ」事件[37)

　3月16日、米国原子力巡洋艦「ロングビーチ」（基準排水量：1,420トン、艦長：E. B. ボッサー大佐、乗組員1,045人）が初めて沖縄のホワイトビーチに第7艦隊の護衛艦3隻とともに寄港した。入港目的は「休養・補給」であった。当日の新聞記事（沖縄タイムス、琉球新報）によると、韓国で実施中の米韓合

写真2　ホワイトビーチへ入港する原子力巡洋艦「ロングビーチ」

（琉球新報提供）

同演習「チーム・スピリット80」と連動し、沖縄近海で大規模な演習が行われたのではないかとの内容であった。

　ホワイトビーチには在沖米海軍が管理している海軍桟橋と在沖米陸軍が管理している陸軍桟橋の二つの桟橋が陸から海上に延びて構築されている。海軍桟橋には原子力軍艦の接岸に備えて岸側に近い桟橋の付け根に海水系 No. 1-2 の3インチ NaI（Tl）放射線検出器（ヨウ化ナトリウム・シンチレーション検出器）と、岸から約200ｍ離れた海上の桟橋先端近くに No. 1-1 の3インチ NaI（Tl）放射線検出器が水深約8ｍの位置に取り付けられて常時海水中の1秒毎のガンマ放射線量率（cps：counts per second：1秒間当たりの放射線の計数値）を測定している。また、陸軍桟橋の海上側先端に、海軍桟橋の海水系 No. 1-1 と No. 1-2 との幾何学な位置を考慮した海水系 No. 2 を水中に設置して海水のガンマ放射線量率を常時測定している。

　その他に、それぞれの桟橋の付け根の陸上に海水系検出器に対応した

測定装置類を設置するために海軍局モニタリングポスト小屋と陸軍局の
モニタリングポスト小屋を建設してあり、それぞれのモニタリングポス
ト小屋の屋上では空間ガンマ放射線量率（nGy/h：1時間当たりの放射
線量率を表す単位）を常時測定している。各モニタリングポスト小屋の
測定器類は科学技術庁沖縄原子力軍艦放射能調査施設（現原子力規制庁
沖縄原子力艦モニタリングセンター：以下、便宜上現地放射能対策本部
建屋と称する）のモニタリングシステムの測定器類と光回線で接続され
て常時中央監視測定システムに表示記録される状況で運営されている。
更に、システムが異常値（平常値の3倍値に設定されている）を察知し
た場合にはアラーム機能が作動して自動的に海水採水ポンプが作動し海
水試料を採取するシステムとなっている。その他に、現地放射能対策本
部建屋屋上及び勝連町平敷屋公民館（現うるま市）の屋上には地域住民
の被ばく管理のため、空間ガンマ線モニタリング測定器が設置され時々
刻々の空間線量率測定を行っており、各ポストの測定値は現地放射能対
策本部建屋の中央監視測定システムに常時、表示記録され一括管理され
ている。

　アクシデントは3月16日の午前9時8分にホワイトビーチ海軍桟
橋に接岸入港し、翌17日の午前7時の出港時に起きた。艦尾のスク
リュー付近に近いNo. 1-1の海水計の放射線量率が晴天時のデータ9～
10 cps（cps：counts per second、1秒間当たりの放射線の数）より3 cps
ほど高い線量率の増加曲線を記録計は描いていたのである（図8）。し
かし、同じ海軍桟橋の陸上側に近いNo. 1-2の海水計の放射線線量率や
陸軍桟橋局のNo. 2の海水計の放射線線量率の記録計推移に異常は見ら
れなかった。

　原子力巡洋艦「ロングビーチ」の24時間前の県への入港通知では3
月16日の午前9時から3月17日の午前9時までの寄港予定であったが、
16日になって急遽17日の午前7時に出港予定変更の連絡であった。

　同日は著者もロングビーチの寄港時調査に参加しており、原子力艦の
出港時に際しては出港時調査マニュアル[38]に従って艦首・艦央・艦尾
の海水採取のため職員を2名ずつ計6人を配置しており、原子力巡洋艦

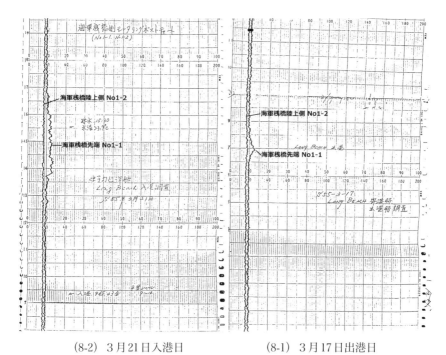

(8-2) 3月21日入港日　　　　　　(8-1) 3月17日出港日

図8　原子力巡洋艦（ロングビーチ）3月17日出港時、3月21日再入港時の記録
　　　計図

「ロングビーチ」が桟橋から離岸して出港すると共に海水試料を艦首・
艦央は20L用キュービテーナー採水容器に3本、計60Lずつ接岸して
いた桟橋から採取した。艦尾側は出港時の海水汚染の有無をガンマ線ス
ペクトロメトリを行って確認するために20L余分に採取し計80L採取
した。

　海軍桟橋近くには「ロングビーチ」の出港状況を見守るために、既に
原子力艦調査を統括する調査班長が乗船し、中城海上保安署（現中城海
上保安部）が運航している放射能調査艇「かつれん」（以後、モニタリ
ングボート「かつれん」と称する）が待機しており、海軍桟橋から離岸
後は、モニタリングボート「かつれん」が金武中城港の港外を示す津堅
島沖合まで空間・海水の放射線量率の計測記録を行いながら追跡調査を
する。港外で参考試料として海水試料60Lを採取して、再びホワイト

71

ビーチ港内に戻り予め調査マニュアルで定められた港内の調査コースを約1時間かけて海水・空間の放射線量率測定をして原子力艦出港後の異常有無を確認後、中城海上保安署の泡瀬港に帰港する手順となっている。

　また、陸上班は採取した海水試料に酸を滴加した後公用車に積載して、その後各モニタリングポストを巡回して出港1時間後までの線量率を記録計より読み取り、プレス公表のためのデータを記録して放射能対策本部建屋に戻り、出港後の艦尾海水のガンマ線スペクトロメトリ（以下、ガンマ線スペクトル測定、又は解析とする）による異常の有無の確認と海水試料を精密測定分析の為の㈶日本分析センターへの発送等を行う手順となっている。

　ところが、海軍局のモニタリングポスト巡回時の記録計チャートで、「ロングビーチ」出港時に平常値の8～10 cpsの記録が一時的に13 cpsほどまで上昇して平常値に帰した線量率曲線に気付いた（図8-1、3月17日出港時記録）。急遽、現地放射能対策本部建屋に戻り、3L用マリネリ測定容器に先刻採取した艦尾海水を分取して3インチ NaI（Tl）検出器を接続した400チャンネル波高分析装置でガンマ線スペクトル測定をおこなった。7,000秒測定してスペクトルを解析した結果、天然放射能のカリウム40のみが検出された。また、ロングビーチの追跡調査として港外まで空間・海水の放射線量率計測を行ったモニタリングボート「かつれん」が追跡調査した海水・空間計の放射線量率の描かれた記録図でも特に変わった記録変化は見られなかった。

　原子力巡洋艦ロングビーチは全長220mもあり、海軍桟橋とほぼ同じ長さでの接岸で、No. 1-1海水計の検出器はスクリューの影響を受けやすい位置でもあったことや、線量率の上昇曲線等から出港時のスクリューによる海底砂の巻き上げによる線量率上昇も推察された。

　更に、出港してから4日後の21日に「連絡のため」との目的で午前9時23分に再入港した。当日は海軍桟橋への接岸入港状況を見届けてから、各モニタリングポスト（海軍局、陸軍局、平敷屋公民館局）を巡回して放射線量率の測定、記録計の状況を確認して現地放射能対策本部

へ戻った。昼食を終えて一息ついたところで放射能対策本部建屋内にある中央放射線監視システムの海軍桟橋先端 No. 1-1 海水計からの記録が平常値の 9 〜10 cps から 14 cps に 13 時 40 分頃から上昇し、その後 13〜14 cps で推移し始めている事に気付き（図8-2）、急遽海水のサンプリング準備等をしてホワイトビーチ内の海軍桟橋先端海水計 No. 1-1 設置場所へ駆けつけた。

　当初、このような低い線量率のケースとして降雨や甲板、又は艦内からの洗浄水、スクリューによる海底土の巻き上げ及び電気ノイズ等が考えられたが、降雨や洗浄水等は環境調査から確認することは出来なかった。また、電気ノイズを発しそうな基地内の工事関連場所の有無を目視巡回で調べたが原因場所を見つけることは出来なかった。早速、海水計 No. 1-1 の位置の艦尾付近の桟橋から海水を採取して現地放射能対策本部で 3 インチ NaI（Tl）検出器によるガンマ線スペクトル解析（7,000秒測定）をおこなった。結果は図9に示すように、天然放射能のカリウム40のみが検出され、原子炉に起因する人工放射性物質は見られなかった。

　また、海水計の線量率も 16 時 50 分頃にかけて徐々に晴天時の平常値 8 〜10 cps に戻った（図8-2）。その後、放射性核種の沈降を待って 23 時 50 分頃に海水計 No. 1-1 付近（ロングビーチ巡洋艦艦尾付近）から海底土を採取し、乾燥等の前処理をした後精密測定用の Ge（Li）半導体検出器（ゲルマニウム・リチウム半導体検出器）-4,000 チャンネル波高分析器でガンマ線スペクトル解析を行った。因みに、3 インチ NaI（Tl）検出器（シンチレーション）-400 チャンネル波高分析は計

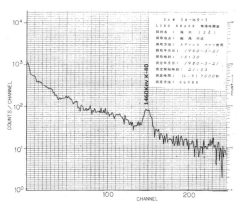

図9　3月21日ロングビーチ巡洋艦入港後線量率異変時採取海水

数効率が高いことから、短時間測定で大まかな放射性核種の判断がつくが定量するには複雑な解析が要求される。しかし、Ge（Li）半導体検出器 –4,000チャンネル波高分析器はNaI（Tl）検出器に比べて計数効率が低く時間を要するがスペクトル解析のための分解能がよいため精密測定用に用いられている。前処理した海底土をGe（Li）半導体検出器 –4,000チャンネル波高分析器で60,000秒（約16.7時間）測定してガンマ線スペクトルを得たところ、土壌に含まれる天然の放射能であるカリウム40（^{40}K：半減期12.48億年）、ウラン系列のラジウム226（^{226}Ra：半減期1601年）、鉛214（^{214}Pb：半減期26.8分）、ビスマス214（^{214}Bi：半減期19.7分）及びトリウム系列のアクチニウム228（^{228}Ac：半減期6.15時間）、鉛212（^{212}Pb：半減期10.64時間）、タリウム208（^{208}Tl：半減期3.083分）等と核実験由来のセシウム137が確認されたが、原子炉由来の放射性物質は検出されなかった。

　図10に参考として、降雨中の天然放射能の影響による海軍桟橋海水計 No. 1-1、No. 1-2の線量率変化を示した。図10は陸地から発生する天然放射能のラドン・トロンガス等の壊変核種（鉛214、ビスマス214、

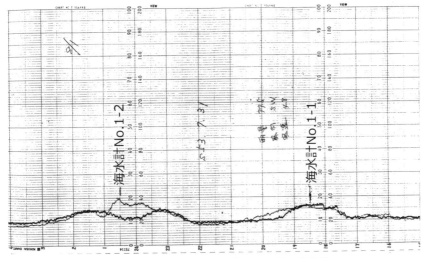

図10　降雨時の海軍桟橋局海水計の線量率推移

鉛212、及びタリウム208等）が雨に取り込まれてこのような線量率曲線が描かれる例を示した。この記録から見られるように放射線検出器の設置場所によって線量率の変化が異なることが読み取れる。因みに、図10の海軍桟橋先端の No. 1-1 の海水計は平常値が8〜11 cps に対し降雨時の最大値は16 cps、陸上側の No. 1-2 の海水計は、平常値8〜10 cps に対し降雨時は最大値20 cps を示した。

夕刻からプレス発表のため沖縄県に今回の状況変化を説明すると共に、沖縄県庁でマスコミ関係の方々に調査班を統括していた調査班長から17日の出港時及び21日の入港後の海軍桟橋局の海水計 No. 1-1 放射線量が晴天時の放射線量率に比べて若干高い線量率が検出された旨の説明がなされた。

17日の午前7時の出港時には平常晴天時の線量率8〜10 cps に比べ3〜4 cps 高い14 cps の値が検出され、21日は午前9時30分に入港後、13時40分頃から海軍桟橋先端の No. 1-1 の海水計の線量率が10 cps から14 cps まで上昇し、16時50分頃にかけて徐々に晴天時の平常値の8〜10 cps に戻った。海水の NaI（TI）検出器によるガンマ線スペクトル解析等や環境調査などで原因を調べたが特定するには至らなかった旨の説明をされた。

また、科学技術庁は今回の放射線異常検出は降雨等の気象現象によっても検出される範囲であり、そのため異常値とは平常平均値の3倍をもって異常値設定をしているため「異常値」とは言えず、通常の原子力軍艦の調査例に従って出港後調査の艦首周辺、艦首、艦央、艦尾並びに艦尾周辺の海底土を採取して、㈶日本分析センターで分析を行う方針で分析結果が判明するのは約1月後になることを説明した。更に、外務省からのコメントとして沖縄に寄港していた米原子力巡洋艦ロングビーチ周辺の海水から平常値を超える放射能増加が検出された問題について、科学技術庁の要請に基づき「計測の結果、特に異常はなかったものの平常値より3〜4 cps 高いので念のために米側に照会して欲しい」との趣旨で駐日米大使館に協力依頼したとの事であった。

翌24日に調査班長と著者は日本共産党沖縄県支部の瀬長亀次郎衆議

院議員に今回の状況説明を求められ、瀬長亀次郎衆議院議員を含む4〜5名の職員の方々の前でホワイトビーチでの現地調査結果を調査資料と共にご説明申し上げた。また、現地で採取した海水及び海底土試料を㈶日本分析センターに送付し詳細な分析を行うことをご説明した。

　4月7日に科学技術庁は㈶日本分析センターによる海水、海底土の核種分析結果など、及びこれまでの米国原子力巡洋艦ロングビーチのホワイトビーチでの調査結果を放射能分析評価委員会並びに原子力軍艦放射能調査専門家会議の検討結果として霞が関で下記のようにプレス発表した。

　㈶日本分析センターに送付した海水（艦首・艦央・艦尾、港内、港外）の Ge（Li）半導体検出器による核種分析では17日の出港時が核実験由来のセシウム137が0.10〜0.17 pCi/L（0.0037〜0.0063 Bq/L）、22日の海水からもセシウム137が0.10〜0.16 pCi/L（0.0037〜0.0059 Bq/L）検出された。また、現地調査班による海底土の Ge（Li）半導体検出器によるガンマ線分光分析でも地殻構成元素で自然界に存在するカリウム40、ウラン系列、トリウム系列及び核実験由来のセシウム137の核種のみで、原子炉由来の人工放射性物質を検出することはできなかった。

①海軍桟橋海水計 No. 1-1 の測定値の変動は、当該海水計の平常値の変動幅の中に入っており、その変動は No. 1-1 のみに観測されており、局所的かつ短期間であることからこの程度の変動による環境への影響はないものと判断する。
②現地放射能調査班が海水、海底土について NaI（Tl）検出器及び Ge（Li）半導体検出器を用いて行ったガンマ線分光分析を検討した結果、従来の海水及び海底土の分析値に比べ大きな変動は認められなかった。
③㈶日本分析センターにおける海水、海底土の Ge（Li）半導体検出器を用いて行ったガンマ線分光分析結果も従来の分析値と比べ大きな変動は認められなかった。

　総合評価として、当該モニタリングポスト（海軍桟橋局海水計 No. 1-1）の測定値の変動は、核種分析結果から説明づけることは出来なかった。しかしながら、仮にその変動が放射性物質によるものであったと想定しても、その量は極めて僅かであり、かつ周辺の一般的なバックグラウンド放射能の増加は無いことから、放射能による環境への影響は無いと判断するとの結論であった。

　翌4月8日、科学技術庁は沖縄県への調査結果の状況を説明するため、放射線医学総合研究所と理化学研究所の専門家二人、及び科学技術庁専門職の三人を派遣した。

　結論として、原子力巡洋艦ロングビーチの入出港時の一時的な放射線量率の増加現象は何に起因するか結論が出せなかったと、原子力巡洋艦ロングビーチからの放射能もれの疑いは否定も肯定も出来ないと報告した。また、海水に検出されたセシウム137は核実験由来であり、セシウム137検出によって放射能増加は説明出来ないと説明された。

　更に、米国政府からの回答として、外務省から科学技術庁へ提出された米国調査報告書によれば、米海軍による環境調査と艦上操作を徹底的に調べた結果、原子力巡洋艦ロングビーチの寄港で如何なる環境汚染も起こさなかったと回答を頂いていると報告した。

　以上の原子力巡洋艦ロングビーチ出入港時のモニタリング調査結果に対して、県内のマスコミ各紙は「ホワイトビーチ高放射能問題・原因突き止められず、環境への影響がないので科学技術庁調査打ち切り、疑惑と不安を残す」と掲載した。

　蛇足になると思われるが、著者が沖縄県衛生研究所を退職した年に文部科学省（2001〈平成13〉年に中央省庁再編に伴い文部省と科学技術が統合して誕生）から技術参与しての就任依頼があり、翌年の2004（平成16）年4月から文部科学大臣辞令を頂いて就任した。職種の主な内容は原子力艦寄港時調査の際の調査を統括する班長としての就任依頼で横須賀港や佐世保港及びホワイトビーチへ寄港する際の調査班の統括であった。

　原子力艦の放射能調査に40年余りにわたって携わった者として、

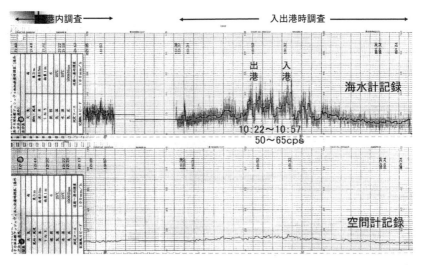

図11　原子力潜水艦「アッシュヴィル」入出港時記録チャート　放射能調査艇「かつれん」

2013（平成25）年4月25日に入出港した際の原子力潜水艦「アッシュヴィル」の調査について珍しい体験をしたので記録しておきたいと思う。

　図11は、中城海上保安部のモニタリングボート「かつれん」が原子力潜水艦「アッシュヴィル」を津堅島沖合（9時24分）から追跡測定してホワイトビーチ海軍桟橋から1,500m沖合に入港（10時32分）。20分間漂泊後の10時52分に出港して津堅島沖合の港外（11時37分）まで追跡調査した海水、空間の放射線量率の記録と、出港後の港内の海水、空間の放射線量率測定（11時57分から12時49分まで）の記録紙である。

　当日の調査時間中の気象条件として、北東の風向が卓越し風速は1.7〜2.3m/sと大変弱く午前10〜11時には7.5〜4.5mmの激しい降雨となった。

　津堅島沖合で「アッシュヴィル」と合流してシトシト雨の中、追跡調査を行っていると次第に雨音が強くなってくると共に線量率も次第に増加し始めた。金武中城港内での入港追跡中に突如平常値の3倍値に設定している警報アラームが鳴り響いたため、モニタリングボート「かつ

れん」の船員の方々は一瞬
緊張して不安そうに心配し
だした。原因を追究するた
め、取り敢えず追跡を指示し
空間・海水の線量率変化推移
を見守りながら沖停泊した時
点で艦尾側に接近して、ガン
マ線スペクトル解析用の
海水20Lを採取した。その
後、放射線量率の増加による
警報アラームの原因を調べ

写真3　「アッシュヴィル」寄港時の金武中城
港の海面状況（2013.04.25）

るため、「アッシュヴィル」の周囲を一周して放射線量率の記録変化を
調べた。原子力艦起源の人工放射能の流出であれば、追跡中のコース
や潮流に伴ってシャープなピークの放射線量率の変化が見られるはず
であるが図11で示すように特徴的変化が見られず、また、原子力艦の
放射能調査に携わって初めての経験で、当日の金武中城港内の気象条
件から港内は鏡のような水面になっており（写真3）、比重の重い海水
（1.023）の上面に比重の軽い雨水の膜が覆っている状況が考えられた。
その為、「アッシュヴィル」のスクリュー推進やモニタリングボートの
スクリュー等による雨水の攪拌が線量率増加をもたらした現象と推察さ
れ、心配しているモニタリングボート「かつれん」の乗組員の方々や中
城海上保安部の方々にも説明して御理解して頂いた。
　その後、現地対策本部に戻り「アッシュヴィル」の沖停泊時に採取し
た海水のガンマ線スペクトル解析を行った結果、天然のカリウム40が
検出されたが原子力潜水艦に由来する人工放射性物質は検出限界以下で
あった。因みに、モニタリングボート「かつれん」の調査時間中の空間
計は6〜16nGy/h、海水計が10〜42cpsと平常値の約4倍の値を示した
が、海軍桟橋の空間計は15〜41nGy/h、海水計は7〜10cps、陸軍桟橋
側の空間計は12〜37nGy/h、海水計は8〜11cpsと両モニタリングポス
トの空間計は降雨の影響を示し、海水計は平常値の値を示していた。

16. 1980（昭和55）年8月：沖縄近海でのソ連原子力潜水艦の火災事故

　科学技術庁から委託を受けている原子力艦寄港に伴う非寄港時の放射能調査として、週に3回ほど定期的に与那城村字饒辺に建設された科学技術庁沖縄原子力軍艦放射能調査施設（便宜上現地放射能対策本部建屋と称している）に出向き、本部建屋屋上に設置してある空間計、平敷屋公民館に設置してある空間計、及びホワイトビーチ基地内の海軍局（海水計 No. 1-1、No. 1-2、空間計）、陸軍局（海水計、空間計）等のモニタリングポストの機器の動作状況や記録計等の記録状況の点検を行っている。8月21日も定期点検のため与那城村にある放射能対策本部建屋に出張したところ、着いたとたん県公害衛生研究所（現沖縄県衛生環境研究所）から電話があり、沖縄の東方海上80マイル（約130km）地点でソ連原子力潜水艦の火災事故が起きたため第11管区海上保安本部から協力要請があり、那覇空港内の第11管区海上保安本部那覇航空基地までサーベイメータを携行して直行するようにとの指示であった。

　那覇空港の第11管区海上保安本部那覇航空基地に到着すると、放射能調査関係で顔馴染みになっておられた水路部係長の小田勝之技官が待機しておられソ連原子力潜水艦の火災事故周辺の放射能調査への同行を依頼された。

　昼食抜きで第11管区海上保安本部のYS-11海難救助機に乗り組み、ソ連原子力潜水艦火災事故現場に向かう機内で経緯の説明を受けた。お話によると、ソ連の攻撃型原子力潜水艦（エコーＩ型、約7,000トン、乗組員約100名）が沖縄の東約140kmの海上で火災事故を起こし、死者9人、負傷者3人を出した模様である。また21日午前6時40分頃に近くを航行中のロンドン船籍の貨物船「ガリー号」（48,000トン）が救助信号を打ち上げている同原子力潜水艦を見つけ「ガリー号」が救難信号を発したとのお話であった。「ガリー号」からの救難信号を受けて

16. 1980（昭和55）年8月：沖縄近海でのソ連原子力潜水艦の火災事故

第11管区海上保安本部は南西航空混成団に災害派遣要請をすると共に、第11管区海上保安部もビーチクラフト機と巡視船「もとぶ」（1,000トン）を午前8時30分に派遣。また、南西航空混成団も午前8時45分に救難機MU2とV107ヘリ2機を現場の救助に向かわせたが、救助は断られてしまったようである。第11管区海上保安本部の話によると、ソ連原子力潜水艦の士官が「ガリー号」に乗り移りソ連本国と連絡し救助を求めたところ、近くを航行中のソ連貨物船「メリディアン号」（3,000トン）が救助に向かうとの説明があったとの事である。しかし、原子力潜水艦の火災事故なので放射能漏れがないかどうか調査する必要があり、同機での放射能調査の応援をしてもらいたいとの事であった（沖縄タイムス、琉球新報、1980〈昭和55〉年8月21日）。13時過ぎに現場へ到着し、しばらくソビエト原子力潜水艦の上空を旋回して空間中の放射線測定をしたが、異常は検出されず、13時45分から14時5分にかけて原子力潜水艦の上空を低空飛行で縦断、再び旋回して横断等の測定を半径約1,500mの範囲で繰り返したが放射線量に異常は検出されなかった。

　このような測定を17時頃まで繰り返している間にソ連原子力潜水艦から照明弾のような物を打ち上げられた。ビーチクラフト機の機長さんの説明では、これ以上近づくなとの意味合いらしく那覇航空基地に引き返すことになった。また、著者も長時間の測定器とのにらめっこで気分が悪くなり嘔吐してしまいビーチクラフト機の皆さんに御迷惑をかけてしまった。

　幸い、ソ連の貨物船「メリディアン号」は14時30分頃には現場に到着したようで、暫くして原子力潜水艦の乗員等を次々救助しているようであった。また、中城海上保安署のモニタリングボート「かつれん」がソ連原子力潜水艦の周辺海水及び空間の常時放射能測定を行うため午後の13時頃に常駐基地の馬天港（現在は泡瀬港）を出港したとの報告を頂いた。

　18時頃第11管区海上保安本部那覇航空基地に帰還し、第11管区海上保安部で記者会見を終了した科学技術庁原子力安全課防災環境対策室か

ら派遣された２名の専門職職員と合流して与那城村の科学技術庁沖縄原子力軍艦放射能調査施設へ直行した。同施設で、ソ連原子力潜水艦火災事故現場付近で採取した海水等の放射能測定の為、NaI（Tl）検出器によるガンマ線スペクトル測定の準備を整えた。その後、第11管区海上保安部より21日17時13分から54分にかけてソ連火災事故原子力潜水艦の東西南北方向で自衛艦「まきなみ」が採取した海水４試料とモニタリングボート「かつれん」が現地到着後22時50分から59分にかけてソ連火災事故原子力潜水艦の艦左、艦尾、艦右及び艦首周辺で採取した海水４試料、及び巡視船「けらま」が参考試料として那覇港外センターブイで採取した海水１試料を翌22日の午前６時頃巡視船「わかぐも」（約60トン）が馬天港に運ぶので受け取り依頼の電話がはいった。

　22日午前６時頃に巡視船「わかぐも」が馬天港に入港した。巡視船「わかぐも」の甲板上でマスコミの方々が注視する中で、シンチレーションサーベイメータを次々海水試料の入ったキュービテーナー容器に接触して放射能測定をしたが異常値は見られなかった。自衛艦「まきなみ」とモニタリングボート「かつれん」及び巡視艇「けらま」が採取した海水９試料を受け取り、与那城村の科学技術庁沖縄原子力軍艦放射能調査施設でNaI（Tl）検出器によるガンマ線スペクトル測定を午前８時頃から開始した。

　ソ連火災事故原子力潜水艦の東西南北方向で自衛艦「まきなみ」が採取した海水４試料をそれぞれ３Lずつ特殊な測定容器のマリネリビーカに入れ１海水試料を7,000秒（約２時間）かけて測定した。測定に際し、沖縄近海は黒潮が南から本州四国方面に流れており、ソ連原子力潜水艦も漂流していることから自衛艦「まきなみ」の南側（艦尾方向）から採取した試料から測定を始め、西側（艦左方向）、北側（漂流方向）、及び東側（太平洋側）の順に測定し、測定器のブランクチェックを含めて18時過ぎに終了した。更に、引き続き巡視艇「けらま」が那覇港外センターブイ付近で採取した参考海水試料の測定を21時頃に終了し、結果のプレス発表のため科学技術庁は第11管区海上保安部まで出向き、「分析結果は参考海水試料と変わらない結果であった」とプレス公表し

た（沖縄タイムス、琉球新報、1980〈昭和55〉年8月23日）。

　著者は引き続き測定器のブランクチェック測定やモニタリングボート「かつれん」が採取した海水4試料を22日19時から23日11時頃にかけて測定終了し、モニタリングボート「かつれん」による現地での海水・空間の放射線量率測定結果と共に海水のガンマ線スペクトル測定結果も異常なしのプレス公表をした。

　ソ連火災事故原子力潜水艦は21日から漂流を続け23日午前9時頃には最初の位置から約90km も流され、辺戸岬から東北東約90km 地点、与論島から東約60km 地点で午後0時17分、事故以来54時間ぶりにタグボートに曳航され、後方に潜水艦母艦「ボロディノ」（6,750トン）とタンカーに付き添われ沖永良部と与論島の間を2時間35分にわたって領海侵犯し17時55分に東シナ海上へ突き抜け母港のウラジオストクへ向かったようである。当初、日本政府側の領海侵犯に対する厳重抗議に対し、ソ連外務省からソ連原子力潜水艦の放射能は正常な水準であり、水中の放射能汚染の危険は無い。また、本潜水艦に核兵器は搭載していないとの日本外務省へ緊急伝達があり、日本政府は「無害通航」に修正したようである（沖縄タイムス、琉球新報、1980〈昭和55〉年8月24、25日）。

　8月23日午後よりソ連原子力潜水艦の曳航が始まり、熊本県、宮崎県及び鹿児島県を管轄範囲とする第10管区海上保安部へ引き継ぎ、午後23時にモニタリングボート「かつれん」が馬天港に帰港した。モニタリングボート「かつれん」の馬天港帰港に伴い、第2回目の海水サンプル（ソ連原子力潜水艦曳航地点；23日12:30〜12:39に採取した艦尾、艦右、艦左、艦首）及びソ連原子力潜水艦追跡中（12:56）、参考試料として伊計島灯台から南東方向1,270m 地点の海水6試料を受け取った。24日の午前1時半頃からソ連原子力潜水艦追跡中に採取した海水試料、曳航地点の艦尾海水、艦左海水、艦右海水、艦首海水及び伊計島灯台から1,270m で採取した参考海水試料を夕方18時頃までに測定終了し、モニタリングボート「かつれん」の採取海水試料、並びに空間連続測定データの放射能値に異常なしをプレス公表した。

17. 1983（昭和58）年5月：米国放射能内蔵磁気コンパス問題[39)]

　20日の午後、沖縄の地方紙の記者が1個の緑色の磁気コンパスを大里村（現南城市）にある県公害衛生研究所大気室の研究員室に持って来られた。話を伺うと、このような磁気コンパスが米軍払い下げ品店で売られ、漁民や建設業者、ボーイスカウトなど県民の間に広く出回り重宝され、愛用されているとの事であった。手に取って見ると、ずっしりした如何にも特殊用途の頑丈な造りがなされており、素人目でも戦闘用の米軍仕様であることが分かった。

　緑色の磁気コンパスを裏返してみると、文字は手で摺り消えないように全て刻印され、上部に注意を促す三つ葉の放射性同位元素マークと、その下に RADIOISOTOPE H³（放射性同位元素・トリチウム〈三重水素〉）が記されていた。次いで A.E.C. LICENSE No. -（米国原子力委員会認可番号）が付され、CONTAIN 75mCi RADIOACTIVE H³（75 mCi：ミリキュリー［2.8 GBq ギガベクレル＝2.8×10⁹ Bq］の三重水素放射能）と記されていた。更にひと際大きく、DO NOT OPEN と目立つ刻印がされている。最後に、IF FOUND RETURN TO MILITARY AUTHORITY と記入されていた。

　そのため、同磁気コンパスは国内の「放射性同位元素等による放射線障害の防止に関する法律」で定めた安全基準（100マイクロキュリー：3.7 MBq）の757倍もあり、

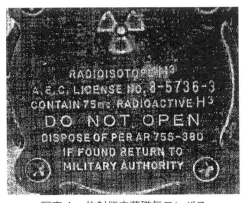

写真4　放射能内蔵磁気コンパス

（琉球新報提供）

一般の人が使用することが出来ず所持や取り扱いには国家資格である放射線取扱主任者による届け出が義務付けられており、使用するには科学技術庁の許認可が必要との説明をした。また、同磁気コンパスはトリチウム（H^3：三重水素）から出る低エネルギーのベータ線で夜光塗料を刺激し光が無くとも発光を持続させるため放射性物質が使用されている説明をし、測定するには科学技術庁の許認可を受けたアイソトープ実験室が必要であり、当研究所ではそのような実験設備を伴った実験室が整備されていないため、琉球大学のアイソトープ実験室での測定を紹介した。また、磁気コンパスの入手先をお聞きしたところ、県内の米軍払い下げ品店では、以前から他の米軍払い下げ品同様に払い下げ品として5,000円前後で売られていたようであるとの話であった。

念のため、科学技術庁へ電話を入れ、市中に出回っているようであるトリチウム75 mCi（2.8 GBq）使用の磁気コンパスの件を御相談したところ「トリチウムは水とよく結合するので、人体に多量に入れば無害とは言えない。ただ、低エネルギーなので、金属やガラスで密閉されておれば安全だが外に漏れれば問題である。とにかく早急に米軍に返すべきであろう」とのお話であった。記者にもその旨説明して米軍に返すように促した。

翌21日の琉球新報社会面に放射能内蔵磁気コンパスの記事が掲載され、日毎にその反響はおおきくなり漁業関係者やレジャー関係者など県民からの問い合わせが警察署や新聞社へ多くなって来たようである。その後連日掲載された紙面を要約すると、同磁気コンパスは1960年代のベトナム戦争のころ米軍払い下げのスクラップ品として、ひと山いくらで米軍払い下げ品店に払い下げられたのではないかとの説であった。しかし、米軍払い下げ品といえど、税関の正式な手続きを経なければならないようで、税関側も調べてみたがそのような品目は入っていなかったと戸惑ったコメントで実態ははっきりしてないのが実情であった。

また、在沖縄米海兵隊報道部は「使用自体は危険ではないが、使用不能、修理の必要なものについては米軍以外に持ち出すのが厳重に禁じられており、適切な包装をして米本国の取扱機関に返却する規則になって

いる」と取り扱い要注意の物質であることを明らかにしたようである（琉球新報、1983〈昭和58〉年5月23日）。更に、沖縄県警察本部も県内の各警察署に地域住民に呼びかけて回収するように協力要請したとの事であった。

このような状況から5月23日に沖縄県環境保健部公害対策課、知事部局基地渉外課、沖縄県警察本部は緊急協議会を県庁で開き今後の対策を話しあったようである。しかし、持ち出し禁止のはずの放射性物質内蔵の磁気コンパスがどういう経路で民間に出回ったのか、どれだけ出回っているのかなどの実態が不明であり、取り敢えず基地渉外課を通して早急に在沖縄米軍当局と調整することになった。

なお、同磁気コンパスはプロの方ほど重宝していたらしく、日本ボーイスカウト沖縄連盟で現在使用しているのはヨーロッパ製の「シルバー・コンパス」でオリエンテーリングなどの競技ではこれ以外使用できないとしているが、「シルバー・コンパス」は初心者用であり上級者は個人で米軍製磁気コンパスを使用している可能性が強く、沖縄県の本土復帰前までは米国製の磁気コンパスが主流であったと述べている。更に、米軍払い下げ品の入札業者も、ほとんど米国国防省のPDO（Property Disposal Office：財産処分事務所）からの入札の日時や入札品目の案内が出されるので、それを見て入札に応じるがスクラップ等の場合は詳しく見れば100品目ぐらいの品が、案内には20品目程度しか書いてなく、ひと山いくらと概算で入札するので、こまごました物が入っていても別に問題にしていなかったと話していたようである（琉球新報、1983〈昭和58〉年5月24日）。

5月23日には沖縄署に8個、石川署に6個、宜野湾署に5個、嘉手納署に4個など中部地区に多く、南部、北部には2、3個と少なく計32個が警察署に届けられているとのことであった。また、ラジウム226（^{226}Ra）内蔵の磁気コンパスも出回っていることが新たに確認され、科学技術庁放射線安全課の技術指導を仰ぐと共に、二人の専門官が磁気コンパス回収支援のため25日に来沖された。沖縄県警察本部の集計によると、25日午後5時までに各警察署に届けられた米軍の磁気コンパス

は252個までになっていた。更に、沖縄旅行の際、米軍払い下げ品店で土産品として購入したと東京など6都県で届け出があり、警察庁も全国に回収を指示したようである。警察庁の25日午後5時半までの集計によると、所持者の全員が漁民と登山愛好家で東京都は14個、福岡県で5個、神奈川県、岡山県、岐阜県及び山口県でそれぞれ1個が届けられたようである。高濃度の放射能内蔵の磁気コンパスを譲渡、所持していると放射線障害防止法違反に当たるが、これについて警察庁は「今回の場合は購入が10年前で、譲渡の時効3年が過ぎており所持者も善意とみられ違法性はほぼ問えない」としたようである（琉球新報、1983〈昭和58〉年5月26日）。

　沖縄県内の各警察署に届けられた放射能内蔵磁気コンパスは、沖縄県と科学技術庁とで相談した結果、在沖縄米軍に引き取って貰うのが最も望ましく一時的に沖縄県公害衛生研究で放射能測定器を用いて確認して保管管理することになった。5月25日から県内の各警察署から沖縄県警察本部に集められた磁気コンパスが沖縄県公害衛生研究所に搬入されて来た。沖縄県警察本部によって届けられた磁気コンパスは放射能測定器でチェックし、記録後、一個一個ビニール袋に入れて密閉し、蓋つきのステンレストレイに整理して地下変電室の鍵付保管庫で一時保管した。

　当初、問題の磁気コンパスはトリチウム75 mCi 表示の1種類かと思われていたが、沖縄県警察本部の協力により各警察署から集められてきた放射能内蔵磁気コンパスはトリチウム50 mCi（1.85 GBq、155個：20.2％）、75 mCi（2.8 GBq、339個：44.3％）、120 mCi（4.4 GBq、52個：6.8％）、190 mCi（7.0 GBq、16個：2.1％）、その他にラジウム226（^{226}Ra、162個：21.2％）、プロメチウム147（^{147}Pm、15.5 mCi：0.6 GBq、6個：0.8％）、畜光性（35個：4.6％）の計765個が回収された。因みに、トリチウム（三重水素）は水素の同位体で、半減期12.3年でベータ線（β線）を放出してヘリウム3へ崩壊する放射性同位元素で自然界にも僅かながら存在する。ベータ線は電子線のため、蛍光物質を発光させるため使用される。ラジウム226は地殻構成元素に含まれるウランが崩

壊して生成される。半減期は1,600年でアルファ線（ヘリウム原子核）を放出して気体のラドン222（^{222}Rn）に壊変するため自然界の空気中にも存在している。アルファ線で蛍光物質を発光させるため、一時期夜光時計などにも使用された。プロメチウム147は半減期2.6234年でベータ線を放出してサマリウム147（^{147}Sm：半減期1.06×10^{11}年）になるため、蛍光を発する物質として一時期夜光時計などにも使用されたようである。

　また、放射能内蔵磁気コンパスの製造年別分類を行ってみた。最も古い放射能内蔵磁気コンパスは1944（昭和19）年製（2個）から最も新しい製造年は1971（昭和46）年（13個）で、27年間にわたって製造されていた。最も多い製造年はベトナム戦争の頃と推察される1960年代で、1965（昭和42）年製が112個、1967（昭和42）年製が240個、1969（昭和44）年92個であった。なお、全個数の8.9％に当たる68個が製造年不明であった。

　更に、放射能内蔵磁気コンパスの入手先として、米軍物資払い下げ品店からの購入が40.8％を占め、次いで拾得、知人より譲渡して貰ったが25.7％で不明も24.1％を占めた。また、米軍人より譲渡、更に見知らぬ日本人より譲渡もそれぞれ4.7％を示した。

　このような状況から、問題となった放射能内蔵磁気コンパスは、本県の本土復帰以前から米軍物資払い下げ品店を中心に県民の間で流通していたと思われるが、一般大衆に放射能表示マークが十分認識されていなかったため今回の事例に発展したものと考えられた。

　6月1日に沖縄県と在沖縄米国陸軍との話し合いで県が回収した放射能内蔵磁気コンパスは在沖縄米国陸軍が引き取り米本国へ送り返すことで合意し、翌2日には大里村の沖縄県公害衛生研究所の地下変電室で一時保管していた同磁気コンパスを牧港の在沖縄米国陸軍事務所へ移送返還した。また、警察庁公害課のまとめでは、沖縄県警察署を除く24都道府県で5月31日までに104個が届けられており、警察庁公害課は在日米軍憲兵司令部東京渉外事務所と協議返還したようである（琉球新報、1983〈昭和58〉年6月2日）。

18. 1986（昭和61）年：ソ連チェルノブイリ原子力発電所事故

　4月26日ソビエト連邦ウクライナ共和国のチェルノブイリ原子力発電所で、4号炉建屋が損壊し減速材の黒鉛が燃焼すると共に大量の放射性物質が環境中に放出される事故が起きた。

　事故の発覚は、4月28〜29日にかけてスウェーデン、デンマーク等の近隣諸国で異常放射線、放射能が検出され一部の飲食物に対し摂取制限が行われたことが外電で報道された。同報道を受けて本邦でも科学技術庁に放射能対策本部が設置され、本県でも放射能対策本部の調査協力依頼により4月30日から6月6日までの期間放射性降下物による環境への影響、並びに飲食物摂取制限の確認調査を行った[40]。

　放射性降下物の沖縄県への出現時期、並びに環境への影響を調べるため空間中の時々刻々の放射線量率変動は与那城村で稼働して原子力艦寄港時の放射能対策本部建屋屋上の空間計モニタリングポストの線量率記録データを利用し、浮遊じん及び降雨は大里村の沖縄県公害衛生研究所屋上で調査期間中毎朝9時から翌日9時までの前24時間の試料を採取しベータ放射能測定及びGe（Li）半導体検出器によるガンマ線スペクトルメトリを行った。

　また、降雨の無い日は水盤法として大気中のちりが自然捕集できるように一定量の水を張ったステンレス製容器を24時間露出後に回収し、ステンレス製容器を蒸留水で洗浄して降下じん試料として捕集処理し全ベータ放射能の測定をした。

　更に、今回の事故では放射性ヨウ素131（[131]I：半減期が8.02日のガス状の放射性物質で、体内に取り込まれると甲状腺に蓄積する）が大量に放出されて問題になっていることから飲料水として源水（旧泊浄水場）、蛇口水（那覇市、西原浄水場、コザ浄水場）及び天水（伊是名島、粟国島、渡名喜島、多良間島、波照間島、南大東島）、更に原乳、野菜（主

としてセンダン草を代用、その他にヨモギ、カラシナ、キャベツ、ほうれん草、松葉等）、及び海藻（アナアオサ、ホンダワラ、ヒジキ）を採取し Ge（Li）半導体検出器でガンマ線スペクトル解析を行った。

　チェルノブイリ原子力発電所由来の放射性降下物は5月6日に採取した浮遊じん試料から当初確認された。しかし、本県へ最初に飛来した時期は浮遊じんの全ベータ放射能値が4日に1.02 pCi/m³（0.038 Bq/m³）と平常値（約0.5 pCi/m³：0.019 Bq/m³）の約2倍に上昇し、また水盤法による降下じんもこれまでの検出限界以下から4日には0.08 mCi/km²（2.96 MBq/km²）が観測され、更に5日の午前11時頃に採取したヨモギから0.01 pCi/g 生（0.0037 Bq/g 生）の放射性ヨウ素131が検出されたことから当県への初期到達は5月4日と推察された。

　図12に示すように、浮遊じん中のヨウ素131、セシウム137の調査期間中の推移を見てみると、5月7日と16日に双山のピークが観察された。この事象からチェルノブイリ原子力発電所事故由来の放射性降下物は波状的に沖縄地方に飛来した事が推察された。また、浮遊じんから検出された放射性降下物はニオブ95、テクネチウム99m、ルテニウム103、ルテニウム106、銀110m、アンチモン125、テルル129m（^{129m}Te：半減期33.6日）、ヨウ素131、テルル132、ヨウ素132、セシウム134

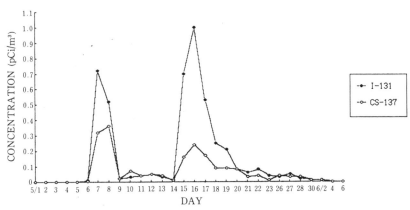

図12　チェルノブイリ原発事故調査時の沖縄への ^{131}I、^{137}Cs 飛来状況

（^{134}Cs：半減期2.07年）、セシウム136（^{136}Cs：半減期13.16日）、セシウム137、バリウム140、ランタン140、セリウム141（^{141}Ce：半減期32.50日）の16核種が確認された。

雨水中の全ベータ放射能値は5月13日に383.83 pCi/L（14.20 Bq/L）の最高値を検出した。しかし、降雨量が0.9 mmと少なく核種分析に供することは出来なかった。ちなみに、著者らがこれまで大気圏内核爆発実験調査で得た雨水中の最高濃度は1976（昭和51）年1月に行われた第18回中国核爆発実験時に観測された915.77 pCi/L（33.88 Bq/L）で、今回検出した値は核爆発実験調査時の約1/2であった。

本邦では、核爆発実験時の対策指標値としてコラム12で述べた放射能対策暫定指標値と、米国のスリーマイルアイランド原子炉事故を契機に1980（昭和55）年6月に原子力安全委員会が「原子力発電所等周辺の防災対策について」の中で制定された「飲食物の摂取制限に関する指標」[41]がある。

放射能対策暫定指標値によると全ベータ放射能の降下量が月間1 km^{2}当たり2.5 Ci（2.5 Ci/km^2：92.5 GBq/km^2）で放射能濃度の推移の観察、25 Ci/km^2（925 GBq/km^2）が予想されると葉菜類の洗浄指示、天水のろ過飲用等の行政指導をしなければならない。今回の調査期間中に観測された雨水、降下じんによる全ベータ放射能の総降下量は9.16 mCi/km^2（338.92 MBq/km^2）となり、暫定指標値の第一段階の全ベータ放射能降下量の降下量推移の観察と照らし合わせ約1/273であった。モニタリングポストによる空間中の線量率の推移は9.0〜15.2 cpsの範囲で僅かながら変動が見られたが、同月の通常の降雨時（8〜18.4 cps）の変動範囲内であった。

これまで起きた原子炉事故として特筆すべきものに1957年に起きた英国のウインズケール原子力発電所事故、また1979年に起きた米国のスリーマイルアイランド原子力発電所事故がある。ウインズケール原子力発電所事故では約20,000 Ci（740×10^{12} Bq［740 TBq、テラベクレル］）のヨウ素131が環境中に放出され英国では大量の牛乳投棄がなされている[42]。

スリーマイルアイランド原子力発電所事故では放射性物質を建屋内に封じ込めたため環境へ漏れ出たヨウ素131は数十キュリーと推定され局地的な環境汚染に留まった[43]。

　今回起きたチェルノブイリ原子力発電所事故は約8,000km離れた我が国でも、1980（昭和55）年6月に制定された放射性ヨウ素131の飲食物摂取制限（飲料水3,000pCi/L［111Bq/L］、牛乳6,000pCi/L［222Bq/L］以上；注1998（平成10）年11月の改定では飲料水、牛乳の指標値は300Bq/kg［約8,100pCi/kg］以上が制定された）の指標値を超える13,300pCi/L（492.1Bq/L）のヨウ素131が千葉県で雨水に検出され緊張を強いられたが一過性の検出値であった[44]。

　以下本県での環境試料中への影響を考察した。本県での雨水中のヨウ素131濃度は5月7日に検出した252.65pCi/Lが最高値であり、飲食物摂取制限の指標値に照らし合わせて約1/12であった。なお、調査期間中一度だけ5月26日の10.8mmの降雨にセシウム137が7.94pCi/L検出された。しかし、当時国内ではセシウム137の飲食物摂取制限の指標値（1998〈平成10〉年11月の改定で放射性セシウムの飲料水、牛乳・乳製品200Bq/kg［5,400pCi/kg］以上が制定された[45]）が示されていなかったため、国際放射線防護委員会勧告値[46]に示された一般人に該当する飲料水中のセシウム137許容濃度（20,000pCi/L：740Bq/L）と比較し約1/2,500と見なされた。また、浮遊じん中のヨウ素131濃度は最高値が5月16日に観測された1.00pCi/m³（0.037Bq/m³）であり、空気中許容濃度300pCi/m³（11Bq/m³）の約1/300であった。牛乳中へのヨウ素131の移行は意外に早く、原乳、市販乳共に降雨中に検出した2日後から観測された。原乳中のヨウ素131濃度は5月22日に58.85pCi/L（2.18Bq/L）の最高値を示したが、飲食物摂取制限に関する指標値（6,000pCi/L：220Bq/L）の約1/100であった。市販乳の場合は採取方法の混乱から5月19日で搬入が途絶えてしまい、調査期間中の推移をみることは出来なかった。しかし、原乳中の濃度を超すことは予測しにくいことから、原乳と同様な傾向を示すものと推察された。

　飲料水としての源水、蛇口水は当初、那覇市の旧泊浄水場（現おもろ

まち那覇市上下水道局付近）及び泊小学校から5月5日、7日、8日に
採取していたがそれ以降は調査終了日まで県企業局の西原浄水場（那覇
市を含む南部圏一帯に給水を行っている）、及びコザ浄水場（沖縄市を
含む中部圏一帯に給水を行っている）から交互に隔日に蛇口水の試料を
採取した。飲料水としての源水・蛇口水からはチェルノブイリ原子力発
電所事故由来の放射性核種は検出されず問題になることはなかった。沖
縄県では天水を飲料水として使用している島々があり、地理的に沖縄
本島北部圏に位置し沖縄本島最北端の辺戸岬から西方約30kmの東シナ
海にある伊是名島、中部圏に位置し読谷村から西方約50kmの東シナ海
上にある粟国島、粟国島から約25km南側に位置した渡名喜島、また、
沖縄本島から東方約350kmの太平洋上に位置する南大東島、更に沖縄
本島より南西約340km離れた宮古諸島の多良間島及び沖縄本島から更
に南西側約420km離れた八重山諸島の波照間島から天水試料を送付し
てもらいガンマ線スペクトル解析をした。天水中のヨウ素131は伊是名
島で43.66pCi/L（1.61Bq/L：5月8日採取試料）、粟国島で40.45pCi/L
（1.50Bq/L：5月9日採取試料）、渡名喜島で5.74pCi/L（0.21Bq/L：
5月8日採取試料）が検出された。また、沖縄本島東方に位置する太
平洋上の南大東島で61.56pCi/L（2.28Bq/L：5月9日採取試料）、沖
縄本島から南西方向に位置する多良間島で5月8日に採取した天水に
5.94pCi/L（0.22Bq/L）、八重山諸島の波照間島で1.74pCi/L（0.06Bq/L：
5月14日採取試料）が検出された。これらの事から、チェルノブイリ
原子力発電所事故由来の放射性降下物は広域に、かつ日時の経過ととも
にかなり拡散して南下していることが解った。幸いなことに検出したヨ
ウ素131濃度は低く、飲食物摂取制限に関する指標値の約1/50〜1/1,700
の範囲であった。

　葉菜類として、5月7日、9日は核爆発実験時の影響調査時と同様に
ヨモギや松葉等を代用していたが、その後も継続的に分析に供する試
料の採取が困難となり、季節を問わずまとまった量の試料の確保がで
きるセンダン草を16日から6月4日まで分析対象とした。降雨が観測
された7日に採取したヨモギから0.01pCi/g 生（0.004Bq/g 生）のヨウ

素131が検出されたが、セシウム137は検出限界以下であった。しかし5月9日に採取した松葉からはヨウ素131（0.68〜1.27 pCi/g 生〈0.03〜0.05 Bq/g 生〉）、セシウム137（0.14 pCi/g 生〈0.01 Bq/g 生〉）が検出され始めた。5月19日のセンダン草から調査期間最高値のヨウ素131が0.55〜3.64 pCi/g 生（0.02〜0.13 Bq/g 生）、5月28日のセンダン草からは調査期間最高値のセシウム137が検出限界以下〜0.22 pCi/g 生（検出限界以下〜0.01 Bq/g 生）検出された。葉菜類調査として、その他にカラシナから5月19日にヨウ素131が0.27 pCi/g 生［0.01 Bq/g 生］、セシウム137は検出限界以下、5月29日のキャベツはヨウ素131及びセシウム137とも検出限界以下、ほうれん草はヨウ素131が0.28 pCi/g 生［0.01 Bq/g 生］、セシウム137が0.04 pCi/g 生［0.001 Bq/g 生］検出された。

　葉菜類調査として5月19日に検出されたセンダン草のヨウ素131の最高値（3.64 pCi/g 生〈0.13 Bq/g 生〉）は飲食物摂取制限に関する指標値（葉菜類中のヨウ素131は200 pCi/g 生〈7.4 Bq/g 生〉以上は洗浄指示、又は行政指導の対象）の約55分の1であった。また、セシウム137が松葉、センダン草及びほうれん草に検出されたが、その濃度はヨウ素131濃度に比べ約1/5〜1/30であった。

　海藻として、アナアオサ、ホンダワラ及びヒジキへの摂取状況を調べてみた。アナアオサ、ホンダワラ及びヒジキから122.57〜384.59 pCi/kg 生（4.53〜14.22 Bq/kg 生）のヨウ素131を検出したが、飲食物摂取制限に関する野菜の指標値（200,000 pCi/kg 生〈7,400 Bq/kg 生〉）の約1/1,630〜1/520であった。

　また、衛生試験法に従って中性洗剤（5％）溶液を使用して洗浄した場合のヨウ素131の除染率をセンダン草で行ってみた。洗剤によるヨウ素131の除染率は約28％で、72％が試料中に残存した。

　まとめてみると、チェルノブイリ原子力発電所事故による核分裂生成物の本県への影響は約1週間後の5月4日頃から飛来し、6月上旬まで観測された。また、天水の分析結果から日時の経過とともに南大東島、多良間島、波照間島の試料にヨウ素131が検出され、広域に拡散する状

況が観察された。なお、本県の飲料水や食物等で検出されたチェルノブイリ原発事故由来の核分裂生成物は飲食物摂取制限に関する指標値以下であった。

コラム13 ｜ 飲食物摂取制限に関する指標について

　従来、国内では大気圏内核爆発実験による放射性降下物を対象に全ベータ放射能値による降下積算量や長半減期核種のストロンチウム90の降下積算量による放射能対策暫定指標値で天水のろ過飲用の指示や飲食物の生産、流通の管理、指導、助成などの行政処置を講ずる事になっていた。1979（昭和54）年3月28日の米国スリーマイルアイランド原子力発電所事故を契機として、原子力災害特有の事象に着目して1980（昭和55）年6月に原子力安全委員会によって「原子力発電所周辺の防災対策について」の防災指針が制定された（昭和55年度「原子力白書」原子力委員会）。

　同防災指針では放射性ヨウ素の甲状腺への影響が着目され、「飲食物の摂取制限に関する指標」が設けられヨウ素131（^{131}I：半減期8.02日）が対象核種として取り扱われた。飲料水は3,000 pCi/L（111 Bq/L）、葉菜類は200 pCi/g（7.4 Bq/g）、牛乳・乳製品は6,000 pCi/L（222 Bq/L）以上になると摂取制限の対象となり、ろ過飲料や洗浄等、流通制限等の行政指導が行われた。

　その後、1986（昭和61）年4月に起きたチェルノブイリ原子力発電所事故の際は、長半減期核種の放射性セシウムやストロンチウム等による飲食物汚染が生じ、これらの核種に対する飲食物摂取制限の指標の導入の必要性が生じた。また、再処理施設の防災対策をより実効性を高く確保するため核燃料物質のプルトニウムや超ウラン元素のアルファ放出核種の指標が1998（平成10）年11月に飲食物摂取制限に関する指標として改定された。1999年9月のJCO臨界事故の経験からウランに対する飲食物摂取制限に関する指標が設けられた。なお、同指標は飲食物中の放射性物質が健康に悪影響を及ぼすか否かを示す濃度基準ではなく、

緊急事態における介入レベル、即ち防護対策の一つとして飲食物摂取制限措置を導入する際の目安とする値とされている[47]。

平成22（2010）年8月に一部改訂された「原子力施設等の防災対策について」によると、

飲食物摂取制限に関する指標として、
1．放射性ヨウ素（混合核種の代表核種：^{131}I）
　　①飲料水・牛乳・乳製品：300 Bq/kg（約8,100 pCi/kg）以上
　　②野菜類（根菜・芋類を除く）：2,000 Bq/kg（約54,000 pCi/kg）以上
2．放射性セシウム
　　①飲料水・牛乳・乳製品：200 Bq/kg（約5,400 pCi/kg）以上
　　②野菜類・穀類・肉・卵・魚・その他：500 Bq/kg（約13,500 pCi/kg）以上
3．ウラン
　　①飲料水・牛乳・乳製品：20 Bq/kg（約540 pCi/kg）以上
　　②野菜類・穀類・肉・卵・魚・その他：100 Bq/kg（約2,700 pCi/kg）以上
4．プルトニウム及びウラン元素のアルファ核種
　　（^{238}Pu, ^{239}Pu, ^{240}Pu, ^{242}Pu, ^{241}Am, キュリウム242〈^{242}Cm：半減期162.8日〉、キュリウム〈^{243}Cm：半減期29.1年〉、キュリウム244〈^{244}Cm：半減期18.1年〉の放射性核種の合計）
　　①飲料水・牛乳・乳製品：1 Bq/kg（約270 pCi/kg）以上
　　②野菜類・穀類・肉・卵・魚・その他：10 Bq/kg（約270 pCi/kg）

以上のように改正された。

19. 1989（平成元）年：沖縄近海に於ける米軍水爆水没事件

　1965（昭和40）年12月5日午後2時50分、米国空母「タイコンデルガ」がベトナムから横須賀港へ帰投する途中、沖縄近海で空母のエレベータから1メガトン級核爆弾B43を搭載したA4スカイホーク攻撃機が海中に転落し、16,000フィート（約4,800m）の深海に水没する事故が起きていたことが米誌ニューズウィーク（May 15, 1989）[48]に掲載され、5月8日の夕刊から国内のマスコミ（朝日新聞、沖縄タイムス、琉球新報）に大きく取り上げられるようになった。

　ニューズウィーク誌によると、ペンタゴン（米国国防総省）は1981年の核爆弾による事故リストに同事故を盛り込んでいるが、「陸地から500マイル（約900km）の海上で発生」とだけ報告しており、事故の詳細はトップシークレットとなっているようである。米環境保護団体のグリーンピースがこの事故に関する独自調査の一部を発表したところによると、事故発生地点は最も近い沖縄諸島の一つから約110kmの北緯27度35分02秒、東経131度19分03秒だと指摘した。同地点は沖永良部島の東約300kmの海域に当たるようである。

　水爆搭載機の水没事故は、米軍基地がある故に日々起きる基地問題に悩まされている沖縄県民にとって核持ち込み疑惑が新たな社会問題となった。沖縄県は8日に報道された段階では「コメントは早すぎる」との立場のようであったが"沖縄近海に水爆搭載機水没"という重大事故の反響の大きさに急遽「事実なら極めて重大」との知事コメントを発表した（沖縄タイムス、1989〈平成元〉年5月10日）。

　5月15日に外務省から「米国のエネルギー省など複数の米国立研究所の核兵器設計専門チームが1965（昭和40）年12月5日の事故直後に行ったもの」と日本側の照会に対して改めて分析を加えた結果を総合した米国防省から日本大使館への回答が公表された。

調査結果は三項目からなり、

①事故状況下ではこの兵器システムは安全装置を解除するような設計になっていないため核爆発は起こりえない。

②この核装置は深い海底で完全な状態のままであるように設計されていなかったため、1,600フィート（約4,800m）の海底に至る前に破損が起こり、核物質は海水にさらされた。しかし、核爆発を誘導するための高性能爆薬も海水に腐食されているため現在、又は将来の環境下においても核爆発は決して起こり得るものでは無いことを保証する。

③環境への影響は、本件関連の核物質の溶解性を測定するため海中試験を行った結果、核物質は比較的短時間（7日間）で海水に溶解し比重が大きいため溶解物は極めて素早く他の体積物とともに沈殿するため、環境への影響はない。

　との内容である（沖縄タイムス、琉球新報、1989〈平成元〉年5月15日）。

　米側の説明に対し、国内の専門家らも米側の説明はほぼ妥当としながらも、資料が少なく不明の点も多いとしている。当時、低レベル放射性廃棄物の深海底投棄を検討して科学技術庁も深海は一般に海流が秒速数センチと遅く、温度も4度前後で安定していて対流も少なく、投棄した放射性廃棄物が比較的留まってくれると考えられていたが、水没場所の海流の速さと拡散の度合いは場所によって大きく違うことから、今回の事故に海洋投棄の評価データは全く役に立たないと事故の影響についてコメントを避けた。地球化学研究協会（三宅泰雄理事長）はビキニ水爆実験以来、環境中の放射性物質の調査を行ってきており、猿橋勝子専務理事「海水は弱アルカリ性なのでプルトニウムの化合物は粒子状になりやすい性質があり、確かに沈みやすい。実際同協会が水爆実験で海に落ちたプルトニウムを調べると、濃度は海水表面よりやや深いところの方が高かった」と述べている。また、「ウランは海水1トン中に天然ウ

ランが３ミリグラム（３mg）あり、流出したのがウランだとしたら今
測定しても検知出来ないのではないか。天然に無いプルトニウムも核実
験で大量にばらまかれており、測定してもウランと同じことだろう」と
のことであった（朝日新聞、1989年５月16日）。

　しかし、県内では水爆水没に伴う海洋の放射能汚染問題が問題とな
り、那覇港やホワイトビーチのコバルト60放射能汚染問題で被害を
被った水産業界は、またしても同問題に鋭敏に反応し著者の所属する沖
縄県公害衛生研究所へ主管課の環境保健部公害対策課から相談が来た。

　早速、科学技術庁防災環境対策室へ電話でご相談申し上げ、５月17
日に下記の沖縄の現状を FAX 送信した。

　今回の沖縄近海における水爆水没事故に伴い、沖縄県では漁業関係者
の間で海産生物の放射能汚染が問題になりつつあります。とりわけ、沖
縄県から県外に出荷される海産生物に、放射能汚染の無いことを証明す
る証明書を添付してくれとの依頼が出荷先から漁業関係者にあるとのこ
とで、県に下記の通り測定以来の電話相談がありました。

1．５月11日、エラブ（海ヘビの一種で沖縄では乾物にして食用に
　　供している）に、放射能汚染がないことを証明する証明書をつけ
　　るようにと取引先から言われており、測定して貰えるかとの漁業
　　関係者から問い合わせがあり。

2．５月17日、モズク（海藻）に放射能汚染が無いことを証明する証
　　明書を付けるようにと取引先から言われて困っているので何とか対
　　処して欲しいと漁業関係者から依頼があり。
　　因みに、沖縄県から県外に出荷される海産生物は年間9,000トンで、
　　その80%はモズク、次いでマグロ、エビの順になっているようで
　　す。
　　このような状況から、今後ますますこの種の漁業関係者からの相
　　談、並びに依頼があると思われますので、今後の対応方を宜しく
　　ご教示くださいますようお願いします。

……との内容である。同内容に対して、鹿児島県にも協力をお願いしなければならないので暫く待って頂けないかとのことであった。

5月26日になって、科学技術庁から沖縄近海での米軍機搭載の水爆水没事故による深海の放射能調査を実施するとの下記のFAXを防災環境対策室より頂いた。

沖縄・鹿児島県などで環境汚染への不安がでているため、科学技術庁と海上保安庁、水産庁、気象庁が協力して水爆水没地域の放射能調査を実施する。また、地元自治体の要望があれば近海で水揚げされた魚など海産物の放射能分析も実施するとマスコミに発表した。

7月6日に科学技術庁の海洋環境放射能データ評価検討会より中間報告書が公表され、7月21日に中間報告以後の取りまとめの最終報告書が公表された[49]。

同調査では、核兵器に含まれうる核物質のうち、放射線障害防止法上の観点から、主にウランから生成されるプルトニウム（$^{239+240}$Pu）について検討を行っている。プルトニウムは大気圏核実験により35.9万Ci（1.33×10^{12} Bq：1.33 TBq［テラベクレル］：約4.2トン）放出されており、海水中にもこのうちの一部が存在し検出されている。

同報告書では、過去に実施した海洋環境放射能調査の結果の検討として、

①過去（1794〜1987年）に測定された日本近海の海産生物可食部のプルトニウム濃度は種類によって変動があるが、1L当たり検出限界以下〜7.21 pCi（0.27 Bq/L）の範囲にあり、特に異常は見られなかった。また、灰試料として保存されている海産生物（1984〜1987年に採取）のプルトニウム分析を行った結果、全て検出限界以下であった。

②過去（1967〜1988年）に測定された日本近海及び北西太平洋の海水のプルトニウム濃度は、表面水については1L当たり検出限界以下〜18.5×10^{-4} pCi（6.85 kBq/L）の範囲であり、深層水については水深約700〜800 m付近にピークがある鉛直方向の濃度分布が知られており、事故現場の比較的周辺の海域における値（1967〜1987

　年測定）も他の海域と比べて特段の異常は見られなかった。

③低レベル放射性廃棄物の試験的海洋処分に関する環境安全評価
　の際に用いた安全評価モデルを用いてかなり過大に試算したとこ
　ろ、水深1,000m以浅の海水で最も高い海水濃度は0.89×10^{-4} pCi/L
　（329Bq/L）と計算された。この値は通常のプルトニウム分析にお
　ける検出限界程度である。この値の預託実効線量値[注釈18]は0.65μSv
　（マイクロシーベルト）であり、自然放射線源（ラドン及びその娘
　核種を除く）からの年実効線量当量（1,100μSv）の1,000分の1以
　下である。

注釈18）預託実効線量：放射性物質を1回だけ摂取した場合、それ
　　以後生涯にわたってどれだけ全身が放射線被ばくを受けるか評価す
　　る線量（原子力百科事典「ATOMICA」）。

④今回水産庁及び鹿児島県の協力を得て採取した海産生物14試料
　（カツオ、マグロ類、シイラ、サワラ、カンパチ、ブダイ類、ハマ
　ダイ、ハタ、タカサゴ、キンメダイ、アオダイ、ムツ、水イカ、及
　び養殖モズク）を㈶日本分析センターで分析したところ、魚類と
　頭足類の水イカは検出限界以下で養殖モズクに0.23±0.036pCi/kg
　生（8.51±1.33mBq/kg生）が検出された。この値は過去の日本近
　海の核実験等による海産生物のプルトニウム濃度（検出限界〜
　7.21pCi/kg生［0.27Bq/kg生］）の範囲内であった。

⑤海上保安庁及び鹿児島県の協力を得て採取した深層水（10m、
　200m、510m、800m、1,000m、1,990m、3,500m及び4,500m）並
　びに水爆水没事故現場周辺海域の表層水（6試料）を㈶日本分
　析センターで分析を行った。表層海水6試料は全て検出限界以下
　であった。深層水は検出限界以下〜10±1.6pCi/L（検出限界以下〜
　0.37±0.06Bq/L）の範囲に垂直分布した。因みに、10m、200mで採
　取した海水試料は検出限界以下で、510mの深度で採取した海水は
　4.7±1.0pCi/L（0.17±0.04Bq/L）、800mの水深で採取した海水は10

±1.6 pCi/L（0.37±0.06 Bq/L）、1,000 m の水深で採取した海水は9.1±1.8 pCi/L（0.34±0.07 Bq/L）、1,990〜4,500 m の水深で採取した3試料は検出限界以下で他海域の文献値等とほぼ同様の鉛直分布であった。

20. ラドンによる国民被ばく線量調査

　地殻構成元素の一種であるウランは半減期が約45億年という地球誕生以来の自然放射線源で、次々と系列をなして崩壊し最後に安定元素の鉛206（^{206}Pb）となる。ウランが系列をなして崩壊する途中でラジウム226（^{226}Ra）が出来、その^{226}Raがアルファ線を放出してラドン222（^{222}Rn）となり地中から大気中に散逸拡散する。一般にウランは土壌、岩石中にppmオーダーで存在しその含有量は地質に依存する[50]。それ故、地球上の人間は多かれ少なかれラドンの影響を被る。

　1982年のUNSCEAR Report（国連科学委員会報告書）[51]によれば、これまで地球上の人間は宇宙線、大地、食物等から平均して年間1 mSvの自然放射線を浴びているものと考えられていたが、ICRP Publication 26（国際放射線防護委員会勧告）[52]により実効線量当量[注釈19]の概念が導入されたことから、これまで組織別に評価されていたラドンの影響が全身を対象に評価できるようになり、その結果ラドンによる影響が更に約1 mSv上乗せされ地球上の人間は自然放射線源から平均年間約2 mSv被ばくすることが推察された。

　　注釈19）実効線量当量：組織又は臓器がある量の放射線照射を受ける時、それぞれが受ける異なった影響を全身的な共通の尺度で実効的な線量当量（生物的な効果を考慮した値：単位はSv「シーベルト」）に換算して健康影響を評価する方法（原子力百科事典「ATOMICA」）。

　このような背景からラドンによる国民の被ばく線量問題が急にクローズアップされ、科学技術庁放射線医学総合研究所は日本全国の平均被ばく線量が近似的に求まるように北海道から沖縄県までの13県を名古屋大学の協力の下で行った。

当県においては、1985（昭和60）年12月から1987（昭和62）年6月まで県内の人口分布を加味し、那覇市を中心に豊見城村（現豊見城市）、大里村（現南城市）、玉城村（現南城市）、浦添市、宜野湾市、中城村を対象とした。沖縄本島中南部地区の屋内ラドン濃度は0.9〜41.3 Bq/m³の範囲に分布し算術平均値が9.2±8.0 Bq/m³、変化率の推移を示す幾何平均値は6.5 Bq/m³であった[53]。「ラドン等による日本人の国民線量への寄与」で報告[54]された全国平均値（幾何平均値：10 Bq/m³）と比べると低い地域に属することが推察された。

　一方、在沖米軍が米国国防省のラドン評価・軽減経プログラム（Radon Assessment and Mitigation Program）に基づいて、1987（昭和62）年12月から1988年2月にかけて嘉手納基地で住宅30カ所、米人学校9校と保育所にラドン測定器を設置してラドン測定を行った。

　その結果、米人学校9校と保育園は44.9〜2.6 pCi/L（1,661〜96.2 Bq/m³）、3カ所の住宅区で29.12〜11.2 pCi/L（1,077〜414.4 Bq/m³）の値が測定された。

　米国環境保護局はラドン濃度が4 pCi/L（150 Bq/m³）以下では危険性が少ないとし、4 pCi/L以上は6カ月以内、2,000 pCi/L（74,000 Bq/m³）以上は1週間以内に建物封鎖などの是正策を講ずるように義務付けているとの内容であった（沖縄タイムス、1988〈昭和63〉年7月17日）。

　また、科学技術庁原子力安全局は国民線量の推定・評価に資することを目的として、我が国の居住環境におけるラドン濃度の全国調査（47都道府県、各都道府県20カ所）を平成4（1992）年度から平成8（1996）年度にかけて放射線医学研究所に設立されたラドン濃度測定・線量評価委員会のもと㈶日本分析センターにラドン濃度水準調査検討委員会を設けて実施した。

　一年を通して測定した家屋数は、引っ越しや測定器の破損等の家屋を除き2,044軒であった（平成20年度「日本分析センター年報」）。しかしデータの取りまとめに際し、エッチング条件や測定器の設置方法、設置場所の適否を除き、1年分に相当する4回のデータが揃った家屋について年間平均屋内ラドン濃度を求めている。更に種々のデータの統計的検

討を行い取捨選択して残った家屋数は899軒（約44％）であった。以下
899軒の家屋で得られたデータについて検討を行っている[55]。

　899軒を全国屋内ラドン濃度とした算術平均値は15.5±13.5 Bq/m³、幾
何平均値は12.7±1.78 Bq/m³で中央値は11.7 Bq/m³であった。また、90％
の家屋が27 Bq/m³以下の濃度で、97.5％の家屋が52 Bq/m³以下、99.5％
が82 Bq/m³以下の濃度であった。同報告書では全国47都道府県を北海
道・東北、関東、中部、近畿、中国、四国、九州・沖縄の7ブロックで
まとめており、九州・沖縄地方の算術平均値は17.6±20.4 Bq/m³で中央
値は12.7 Bq/m³であった。その中で米国環境保護局のアクションレベル
150 Bq/m³を超える家屋（208 Bq/m³）が899軒中1軒、沖縄県のコンク
リートブロック家屋で見られた[56]。

　同調査の沖縄県内における調査地点依頼に著者も一時期関与した事か
ら、改めて沖縄県内の屋内ラドン濃度をラドン濃度全国調査最終報告書
のデータから引用して検討してみた。

　県内の調査地点は沖縄本島で人口密度の高い那覇市（3軒）や中南
部中心に北部地区の名護市（1軒）や宮古島（2軒）、石垣島（1軒）
も含めた20軒である。宮古島の2軒は、科学技術庁放射線医学研究所
の古川雅英博士（現在、琉球大学理学部物質地球科学科教授）らによ
る「沖縄県宮古島における空間ガンマ線線量率の分布」[57]で、宮古島は
県内でも中国大陸からの風成塵（黄砂）を母材とした大野越粘土の分
布に起因して空間ガンマ線線量率（範囲2.6〜165.3 nGy/h：平均値78.8±
24.8 nGy/h）が比較的高いことから2地点になったと思われた。因みに、
日本列島全体の自然放射線レベルの平均値は79.7±18.8 nGy/hと推察さ
れている[58]。

　なお、屋内ラドン濃度全国調査最終報告書による県内の屋内ラドン
濃度は、算術平均で35.4±3.3 Bq/m³（1.0〜320.3 Bq/m³）で全国屋内ラド
ン濃度全国平均値の約2.3倍で、幾何平均が32.6±3.2 Bq/m³、中央値は
15.9 Bq/m³であった。また、県内で調査した家屋は木造建築が2軒で、
18軒は木造建築（算術平均値：12.9 Bq/m³）に比べて気密性の高い鉄筋
コンクリート造り（算術平均：23.1 Bq/m³）やコンクリートブロック造

り（算術平均：42.5 Bq/m³）で、天然の放射性物質を多く含む材質での建築が多いことも屋内ラドン濃度が高い一因と思われた。全国屋内ラドン濃度調査で米国環境保護局のアクションレベル150 Bq/m³を超える年間平均ラドン濃度208 Bq/m³（73.4～320.3 Bq/m³）は沖縄県の読谷村の家屋で計測された。

　同家屋は半地下方式の土地に建設されたコンクリートブロック建屋で、床下に空間が無いこと等もラドン濃度を高くしていると考えられた[59]と推察されている。

21. 酸性雨調査から大気環境問題へ

　チェルノブイリ原子力発電所事故の放射能調査を契機に、雨水中の放射性物質と pH との関係で放射性物質の溶存度を調べることが出来ないかとの、単なる思い付きで降水の放射能調査試料として毎日、午前9時に前24時間採取していた雨水の pH 測定を1985（昭和60）年9月から始めた。

　1989（平成元）年になって、県議会で酸性雨問題が提起されたとのことで主管課の公害対策課から問い合わせがあり、これまで測定していた雨水の pH データを提供したところ、九州・沖縄ブロックとして毎年大気・水質等の公害問題にたいする技術検討会を行っている九州・沖縄衛生公害技術協議会の大気分科会への参加依頼が主管課の公害対策課からあり、著者が環境放射能問題から東アジア地区の大気環境問題の研究にシフトする契機となった。

　1986（昭和61）〜1988（昭和63）年までの降水の pH 年平均値は6.20から5.70と年々下がる傾向を示していた。しかし、1989（平成元）年になって pH 5.69とほぼ前年と同じ傾向を示し、1990（平成2）年には pH 5.78と1989（平成元）年を境に再び降水の pH 年平均値が回復する傾向を示した。pH の年代推移を世界的な経済活動と照らし合わせてみると、1989（平成元）年はポーランド（6月18日）、ハンガリー（10月23日）やベルリンの壁崩壊（11月9日）等の東欧諸国の革命が立て続けに起きた年であった[60]。

　九州・沖縄衛生公害技術協議会の大気分科会では、当時問題となっていた酸性雨問題を九州ブロックとして行って各県の状況を調べることになった。当時は県内や隣接県の工場等から排出されるローカルな窒素酸化物や硫黄化合物によって雨の酸性化現象（pH 5.6以下）が起きるものと考えられていた。大気圏内核実験による放射性降下物が偏西風に乗って地球規模のグローバルな影響を及ぼすことを調査研究してきた著者に

とって、工場等から排出される大気汚染物質も偏西風によって隣国から
の影響を受けることは無いかどうか尋ねたところ、環境庁国立公害研究
所（現国立研究開発法人国立環境研究所）で酸性雨の研究をなさってい
る村野健太郎理学博士が協議会にオブザーバー参加されており、国立公
害研究所も局地的な公害問題だけでなく、グローバルなスケールでの地
球環境問題に取り組まなければならないため、名称を国立環境研究所に
改組（1990〈平成2〉年7月改称）することになっており協議会でいろ
いろ話を伺っている間に協力を依頼されることになった。

　同年及び1990（平成2）年度にかけて、九州衛生公害技術協議会大
気分科会は、九州・沖縄地方の酸性雨の実態調査及びメカニズム解析
のための共同調査を1989（平成元）年は梅雨期の6月5日から7月4
日までの4週間にわたって実施した。しかし、沖縄地方はこの期間梅
雨前線が本州方面に北上して梅雨明けを迎えてしまっていた。翌年の
1990（平成2）年度は5月から6月にかけての8週間行った。5〜6月
の期間は、九州・沖縄地方は梅雨前線に伴って海洋性気団の影響を受け
る季節であり、九州地方は主として桜島や阿蘇山の影響が観測され、沖
縄は海塩成分の影響を多く受けた降水観測値となった。また、1989（平
成元）年の東欧諸国の革命に次いで、1990（平成2）年は中国天安門事
件が起きた。沖縄の降水の年間平均pH値も5.69から5.78と僅かに回復
し、1991（平成3）年は6.26まで変化した。

　1990（平成2）年の九州衛生公害技術協議会を契機に国立環境研究所
地球環境研究グループ・酸性雨研究チームの村野健太郎理学博士やエア
ロゾル研究グループの畠山史郎理学博士等と発生源の少ない沖縄本島で
酸性雨やエアロゾル調査を始めるため観測所設置場所探しを行った。最
適と思われる場所として人里からかなり離れた国頭村宜名真区の海抜
30mの大地で、周囲には少し離れて辺戸岬灯台があるだけの原野の中
の放棄畑地に決定した。

　ほぼ、時を同じくして、国立環境研究所の付属研究機関として同年
10月に新設された地球環境研究センターの井上元理学博士らのグルー
プからも地球温暖化ガス観測のための観測所の設置場所探しの協力依頼

を受けて、八重山諸島中でも人為的影響が最も少なく北回帰線に近い波照間島が観測ステーションの設置に最適な場所として決められた。

　酸性雨グループの国立環境研究所辺戸岬酸性雨・大気観測ステーションは、1991（平成3）年9月に完成すると共に、著者も国立環境研究所の客員研究員として委託研究を受け、清浄地区と目される沖縄の雨水特性を得る事を目的に10月から降水、オゾン、エアロゾル等の観測を始めた。一方、環境庁も辺戸ステーションの近くの辺野喜に全国酸性雨ネットワーク局として1994（平成6）年4月に仮設局を設置して酸性雨やエアロゾル観測を開始したが、地形的条件に恵まれず2001年から辺戸岬酸性雨・大気観測ステーションを拡張統合して環境省沖縄辺戸岬東アジア酸性雨モニタリングネットワーク局として新たにスタートした。一方、1992（平成4）年3月には波照間地球環境モニタリングステーションの竣工に伴い、国立環境研究所・地球環境研究センターの地球環境研究モニタリング検討委員会委員として調査研究委託を受けて八重山諸島におけるCO_2発生量の推定調査や観測気団の特性解析のためのラドン測定事前調査等を行う事になった。

21-1. 辺戸岬酸性雨・大気観測ステーション

　この章では辺戸岬酸性雨・大気観測ステーションや波照間モニタリングステーションで観測した観測結果の概要を述べてみたい。

写真5
国立環境研究所辺戸岬酸性雨・
大気観測ステーション
（1991年10月〜2000年12月）

写真6
環境省沖縄辺戸岬東アジア酸性
雨モニタリングネットワーク局
（2001年1月～現在）

写真7
2005年7月20日に新たに開所
式をした国立環境研究所辺戸岬
大気・エアロゾル観測ステー
ション。環境省沖縄辺戸岬酸性
雨モニタリングネットワーク局
に隣接して建設された。

①辺戸岬で観測されるオゾンの季節変動

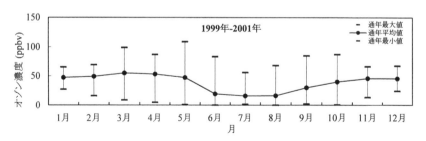

図13　辺戸岬で観測される地表オゾン濃度の年間推移

　図13は辺戸岬で通年観測されるオゾン濃度の1999（平成11）年から2001（平成13）年までの月平均値と３年間観測された最小値及び最大値の振幅を示した。周年変動サイクルとして、1999年から2001年までの年間最小値、年平均値、および最高値を表１に示した[61]。

表1　辺戸岬で観測された地表オゾン濃度の年変動推移（ppbv）

年	年最小値	年平均値	年最大値
1999年	＜3	38.8±19.8	108
2000年	＜3	38.3±18.3	84
2001年	＜3	39.2±16.7	87

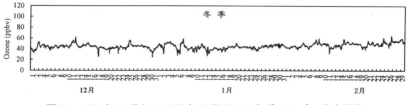

図14　1999年12月から2000年２月までの冬季のオゾン濃度推移

　図14は12月から２月にかけての冬季のオゾン濃度推移を示した。冬季のオゾン濃度は24〜65 ppbv（parts per billion volume: 10^{-9}：体積比10億分の24〜65 gを表す）の範囲に分布し、年間で最も安定した季節特性（平均値：45.3±5.1 ppbv）を示す。この期間、東アジア地区の気象は大陸性高気圧が支配する冬季に当たり、オゾン濃度は西高東低の季節風に伴って主として大陸から輸送される気塊の影響を受ける。

　図15は３月から５月にかけての春季のオゾン濃度推移を示した。春季のオゾン濃度は周年で最も変動が激しく＜3〜84 ppbvの範囲で大きな変動を示し、4〜5日の周期での急激な濃度変化が見られる季節特性（平均値：51.4±15.7 ppbv）を示す。この期間、東アジア地区の気象は太

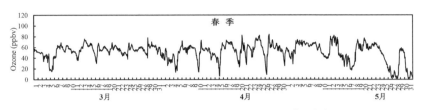

図15　2000年3月から5月までの春季のオゾン濃度推移

平洋高気圧の出現とともに大陸性高気圧が次第に衰え、大陸からの移動性高気圧や移動性低気圧に伴った前線の活動が活発になる春季にあたり、オゾン濃度は大陸性高気圧や太平洋高気圧及び移動性高気圧や移動性低気圧に伴った前線の気塊の影響を強く受ける。特に、この期間は前線の南北振動に伴って、大陸性気団の影響を受けるとオゾン濃度は高くなり、海洋性気団の影響を受けるとオゾン濃度は急激に低くなる特徴を示す。また、春季の5月や秋季の9月には80〜90 ppbv レベルの高濃度オゾンが観測されやすく、梅雨前線や秋雨前線との関連が考えられたことから成層圏からの寄与も推察された。

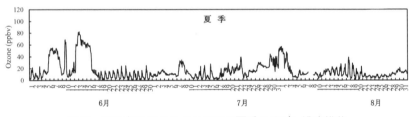

図16　2000年6月から8月までの夏季のオゾン濃度推移

　図16は6月から8月にかけての夏季のオゾン濃度推移を示した。夏季のオゾン濃度は＜3〜84 ppbv の範囲での変動を示し、年間で最もオゾン濃度の低い季節特性（平均値：16.6±14.9 ppbv）を示した。この期間、東アジア地区の気象は太平洋高気圧が支配する夏季にあたり、太平洋高気圧の発達に伴い太平洋上の熱帯海域から運ばれて来る清浄気塊の影響を受ける。また、低気圧や台風の接近通過に伴い東アジア地区起

源の汚染大気を含む気塊の影響が見られる。図16にみられる6月12〜15日のオゾン濃度（Max：82 ppbv）波形は、沖縄本島の北方から本州南岸に沿って形成されていた梅雨前線が沖縄本島南部に移動し、梅雨前線に沿って低気圧が九州・四国方面に移動した際に形成されたピークである。一方、6月12日に中国大陸では北京方面で発生した移動性高気圧が6月14日には中国南部の福州付近まで南下した。6月17日には梅雨前線が北上し、海洋性気団に覆われると夜間は＜3 ppbv以下となり、日中は10〜20 ppbvのピークが描かれた。

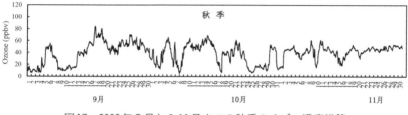

図17　2000年9月から11月までの秋季のオゾン濃度推移

　図17は9月から11月にかけての秋季のオゾン濃度推移を示した。秋季のオゾン濃度は再び変動が激しく5〜84 ppbvの範囲での推移が見られ、夏季に比べ高い季節特性（平均値：39.1±16.3 ppbv）を示した。この期間、大型台風の接近通過による大気の擾乱作用や移動性高気圧及び低気圧、大陸性高気圧の出現等に伴って輸送される汚染大気を含む気塊の影響を受ける。また、春季に比べ秋季の季節平均が低くなる要因として、台風等による大気の擾乱作用の影響等が推察された。

②酸性雨調査

　図18は1991（平成3）年10月から2001（平成13）年3月までの約9年半の辺戸岬酸性雨・大気観測ステーションにおいて、捕集した雨水試料の季節平均値のイオン分析結果を示す。ただし、1997年8月に通過した大型台風13号（Winnie：915 hPa、最大風速50 m）は1日の降水量が293 mmと沖縄の那覇の年間平均降水量（約2,000 mm）の15%を台風

が通過した17〜18日の2日間にもたらしたことや、強風域の最大直径が2,400km（デジタル台風）に及び沖縄本島が32時間余りも暴風圏内の影響を受けたことから同降水試料の分析結果は除外した。

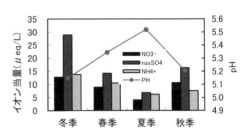

図18　辺戸岬で観測される降水中の酸性物質の季節変化（1991年10月〜2001年3月）

図18で見られるように、沖縄本島内で最も清浄地区と考えられた辺戸岬で、大陸性高気圧の影響を受ける12月から2月にかけての冬季は、降水の硫酸イオン濃度が最も高く（34.9〜25.1 μeq/L：平均値28.9 μeq/L；イオン当量を表す；1 L 中に100万分の28.9 g であることを示す）、pHも酸性雨と定義されている5.6を下回って5.13〜5.18（平均値5.15）と年間を通して低い値を示す。

西高東低型の気圧配置が弱まる春季の3月から5月にかけては、中国大陸からの黄砂と共に大気汚染物質も飛来するが、黄砂による中和現象も起きていると考えられ、降水中の硫酸イオン濃度も24.8〜14.9 μeq/L（平均値14.3 μeq/L）と次第に減少して、平均値で冬季より51%ほど低くなった。そのためpHは5.19〜5.40（平均値：5.34）と冬季より若干上昇が見られた。太平洋高気圧が支配し南風が卓越すると、沖縄本島最北端に位置する辺戸岬の観測ステーションも都市部の名護市や沖縄市、那覇市等の南部地域からの大気汚染物質の影響を受ける。しかし、沖縄本島南部地域からの影響は少なく夏季の6月から8月の降水中の硫酸イオンは9.3〜6.2 μeq/L（平均値7.7 μeq/L）と最も低い値を示し、pHも5.48〜5.70（平均値：5.52）と高くなる現象を示す。次いで台風による大気の擾乱作用と共に、大陸からの移動性高気圧や低気圧の影響を受ける9月から11月にかけての秋季は降水中の硫酸イオン濃度も6.6〜20.8 μeq/L（平均値10.7 μeq/L）と夏季に比べ濃度も高くなり、pHも5.02〜5.37（平均値：5.21）へと次第に低くなる年間のサイクル現象が見られた。

　1995年に国立環境研究所大気物理研究室長の鵜野伊津志工学博士が作成された後方流跡線解析作図プログラムを用いて、辺戸岬の観測ステーションで採取計測されたデータの移流気塊の起源を知るために後方流跡線解析を行って1995（平成7）年の移入経路を調べてみた。

　移流経路として、冬季の期間（12〜2月）は北（韓国）から西南西（福州市）方向の範囲に面する中国大陸側からの移動性高気圧や低気圧によって運ばれる移流気塊が84％を占め、東北東から北方向の範囲に面する九州・四国・本州方面から12％、西南西から南南西方向の範囲に面する台湾・香港・フィリピン側等から6％、南南西から東北東の範囲に面する太平洋側から時として1％程度の割合で移流気塊が到達した。

　春季の期間（3〜5月）は北（韓国）から西南西（福州市）方向に面する中国大陸側から38％、北から東北東方向に面する九州・四国・本州方面から25％、東北東から南南西方向に面する太平洋から14％、南南西から西南西方向に面する台湾・香港・フィリピン側から13％の移流気塊が到達した。

　夏季の期間（6〜8月）は太平洋高気圧の影響を受けて東北東から南南西方向に面する太平洋から65％の移流気塊が到達する。次いで南南西から西南西方向に面する台湾・香港・フィリピン側から24％の移流気塊の影響を受ける。また、夏季の7月から8月にかけては台風の影響を受け、九州・四国・本州方面から5％、中国大陸方面から5％の移流気塊が到達した。

　秋季の期間（9〜11月）の9月頃は台風が沖縄の東側海上から九州・四国・本州方面へ進む経路が多く、10〜11月にかけては大陸から移動性低気圧や高気圧の影響を受けることから、北（韓国）から西南西（福州市）の範囲に面する中国大陸側から47％、東北東から北方向の範囲に面する九州・四国・本州方面から33％の移流気塊が到達した。この期間、太平洋側からの移流気塊の到達は15％ほどであり、南南西から西南西方向に面する台湾・香港・フィリピン側からの移流気塊は4％ほどに減少している。

　国立環境研究所で大気反応研究室長やアジア広域大気研究室長を歴任

された畠山史郎編「大陸規模広域大気汚染に関する国際共同研究」[62] によると、大量の石炭の利用と増大する自動車からの排ガスで中国は東アジア地域における最大の大気汚染物質の発生源地域となっている。中国で使用される石炭や自動車のガソリンには硫黄分が多く含まれており、それらは燃焼と共に二酸化硫黄（SO_2）や窒素酸化物（NO_x）が大気中に排出される。排出されたガスは大気中で酸化反応を起こして硫酸（H_2SO_4）や窒素酸化物及び炭化水素（HC）が空気中で太陽光によってオゾン（O_3）などオキシダントと呼ばれる物質を生成する。その為、日中韓3カ国の長距離越境大気汚染（Long-range Transboundary Air Pollution；LTP）に関するワーキンググループを作成し、2002（平成14）～2004（平成16）年にかけて中国内陸部と沿岸部の航空機観測を行っている。

　合同観測によると、中国内陸部の重慶や成都の大工業地帯では硫酸イオン（SO_4^{2-}）濃度がアンモニウムイオン（NH_4^+）濃度より高い現象が見られたが、上海周辺の東シナ海沿岸部では逆に硫酸イオン濃度よりアンモニウムイオン濃度が高く、大気中の硫酸や硝酸がアンモニアガスで中和されている状況が見られるようである。

　また、アンモニアガスは農業で使用されている肥料や家畜のし尿などから発生することから、農畜産業からの排出が大きな発生源となっている。アンモニアガスは水に溶けるとアルカリ性を示し、大気中で酸性物質の硫酸や硝酸などを中和して硫酸アンモニウム（$(NH_4)_2SO_4$）や硝酸アンモニウム（NH_4NO_3）となり、雨に溶けて土壌に吸着すると微生物によって次第に酸化され中和していたエアロゾルも次第に酸性物質として作用する。

　畠山史郎博士らの観測によると、中国では PM 2.5 などのエアロゾル中に含まれる硫酸はほとんどアンモニアで中和されている現状であったが、辺戸岬で測るとアンモニウムは硫酸の半分くらいしか無く、長距離輸送の間に SO_2 の酸化が進んで硫酸に変化して酸性化が進んでいることが分かったようである。

　因みに、著者らが辺戸岬で観測した降雨中のアンモニウムイオンと

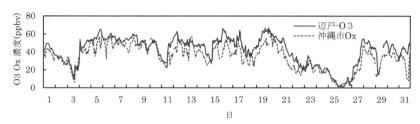

図19　辺戸岬で観測されたオゾン濃度と沖縄市で観測されたオキシダント濃度の時
　　　系列推移（1994〈平成6〉年5月）

硫酸イオンの存在割合を季節変化で調べると[63]、冬季のアンモニウムイ
オンは硫酸イオンの48％、春季は74％、夏季は91％、秋季49％の割合
であった。また、硝酸イオンも冬季は硫酸イオンの44％、春季は63％、
夏季は59％、秋季は65％であった。

　図19は1994（平成6）年5月の沖縄本島最北端に位置する辺戸岬酸
性雨・大気観測ステーションで観測したオゾン濃度の時系列推移と辺
戸岬から南に約70km離れた沖縄本島中部地区に位置する沖縄市で観測
した光化学オキシダント[注釈20]濃度の経時変化をプロットした図である。
図19から読み取れるように、沖縄本島は同一の大気質に北から南にか
けて覆われている状況が分かった。

　注釈20）光化学オキシダント
　　　工場の煙や自動車の排気ガス等に含まれている窒素酸化物（NO_x）
　　　や炭化水素（HC）が、太陽からの紫外線によって光化学反応を起
　　　こして生じる、オゾン、パーオキシアセチルナイトレート（PAN）
　　　の酸化力の強い物質を総称してオキシダント、光化学オキシダント
　　　という（Wikipedia）。

　図20、21はNOAA HYSPLIT MODELで描いた1994（平成6）年5月
20日（44〜58ppbv、平均値＝52.8±3.4ppbv）と5月26日（0〜9ppbv、
平均値＝3.1±2.9ppbv）に観測された気塊の後方流跡線解析図を示した
ものである。

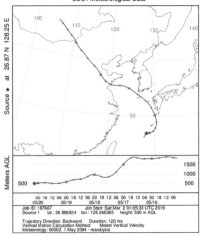
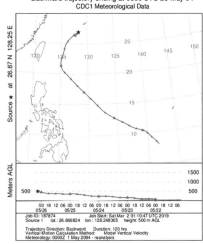

図20　5月20日に観測された大陸性気塊　図21　5月26日に観測された海洋性気塊

　図20、21で示すように、大陸性気団に沖縄本島が覆われる日はオゾンやオキシダント濃度も高くなり、熱帯域からの海洋性気団に覆われるとクリーンな大気環境となり日中はローカルな窒素酸化物（$NO_x = NO + NO_2$）と反応してオゾンやオキシダント濃度も10 ppbvを描き、夜間は0〜数 ppbvまで低下する現象が観られた。

　NASA Ames Research CenterのH. B. Singh博士らは1991年の太平洋探査計画（The Pacific Exploratory Mission-West A）[64]でフィリピン南部からハワイまでの熱帯海域の観測で10 ppbv以下の低濃度オゾン現象が低NO_x環境下で起きることを示唆しており、沖縄本島も後方流跡線解析から見られるように夏季はクリーンな熱帯海域からの低濃度オゾンの気塊に覆われると日中は沖縄のローカルな排ガスによって光化学オゾンが生成され、夜間はそれが無くなるため0〜数 ppbvレベルの非常に低いオゾン濃度になることが考えられた。

　因みに、6〜8月の海洋性気団に覆われる夏季の7月は窒素酸化物のNO_x（0.13〜1.10 ppbv、平均値＝0.55±0.31 ppbv）とO_3にr＝0.921の高

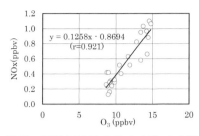

図22　1995年7月のO₃とNOₓの相関関係

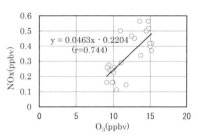

図23　1995年8月のO₃とNOₓの相関関係

度に優位な相関関係が見られた。

　8月は台風等の影響があり、相関係数も優位ながらr＝0.744程度まで低下した。また、大陸からの移動性高気圧や低気圧の影響を受け始める秋季の9月からは相関係数もr＝0.554まで低下した。この事象は大陸からの移流気

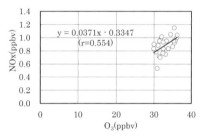

図24　1995年9月のO₃とNOₓの相関関係

塊中には、アンモニウムと硝酸が大気中で反応した硝酸アンモニウム（NH_4NO_3）が示唆された。

　辺戸岬の立地条件で得られるオゾンデータやエアロゾル組成成分等の検証のため1996年から1999年にかけて夏季の7〜8月の期間、東京大学先端科学技術研究センター教授の秋元肇先生をチーフとして各大学機関や国立研究機関の大気化学研究者が一堂に会して第1回から3回まで辺戸集中観測と称して種々の観測器を設置して大気成分観測やオゾンゾンデ等を用いた上空の高度分布測定及び航空機による沖縄本島上空の大気成分分析等が行われた。

　このような立地条件から環境庁（現環境省）は2001年1月から環境省国設沖縄辺戸岬酸性雨局（EANET：The Acid Deposition Monitoring Network in East Asia［東アジア酸性雨モニタリングネットワーク局］）を開設した。また、2005年8月に国立環境研究所は新たに東アジア地区

のグローバル大気・エアロゾル研究の場として各大学機関や国内外の研究機関が自由に観測研究が出来るように、国立環境研究所辺戸岬大気・エアロゾル観測ステーションを開設した。

21-2. 波照間モニタリングステーション

波照間島は人口約500人を有する日本列島最南端の有人島で、南北約2.85 km、東西5.85 km と東西に長い楕円形をした面積約12.8 km²、標高60 m の隆起サンゴ礁の島である[65]。周囲を海に囲まれた波照間島は、気候的に冬季は北風が卓越した大陸の影響を受け、夏季は南風が卓越した太平洋の影響を受ける。モニタリングステーションは島の東端（北緯24°06′東経123°81′）に位置し、海岸から少し奥まった場所にある。島民の居住区は島の西側地区に集まっていることから局所的な発生源の影響はほとんど受けない太平洋に面している。

写真8　波照間モニタリングステーション

　このような環境条件から、波照間モニタリングステーションは地球環境モニタリングの一環としてベースラインレベル（地球的規模の平均的な環境濃度）の温室効果ガスの観測を目的として1992年3月に建設された。

①八重山諸島における温暖化ガスのCO_2発生量の推定量調査

八重山諸島は1市（石垣島）、2町（竹富町、与那国町）から構成されており、竹富町は竹富島、黒島、小浜島、新城島、西表島、波照間島、鳩間島からなる。

著者らは、1990（平成2）年度に同モニタリングステーション建設に伴う事前調査として八重山諸島における温暖化ガスのCO_2発生量の推

定調査を環境省国立環境研究所地球環境研究センターの委託を受けて
行った。

　平成元（1989）年発行の沖縄県企画開発部「離島関係資料」による
と八重山諸島で中核をなす石垣島（石垣市）は面積221.12 km²、人口
42,772人で、年間の燃料使用量は122,911トンであった。大気汚染防止
法並びに沖縄県公害防止条例に基づく特定施設が24施設あり、燃料種
別の消費割合は周辺の島々に電力を供給する発電所を有していることか
ら主として重油が52.9％と最も多く、次いで製糖工場で使用するサトウ
キビの搾りかすのバガス燃料が19.8％、軽油9.1％、灯油8.6％、揮発油
6.2％、LPG 3.3％である。

　竹富島は面積5.41 km²で、人口271人の島で主要産業は観光と養蚕で
ある。年間の燃料使用量は142トンで電力は海底ケーブルで石垣市から
供給されている。燃料種別の消費量は主として軽油が43.7％で次いで揮
発油の18.4％、灯油15.1％、重油14.3％、LPG 3.3％である。

　西表島は面積が284.44 km²と八重山諸島で一番大きな面積を有する島
であるが、人口は1,726人と少なく、島の主要産業は製糖と観光である。
電力は石垣市より海底ケーブルで供給されている。年間の燃料使用量
は3,461トンで、特定施設として製糖工場とアスファルトプラントがあ
り、燃料種別の消費割合はバガス燃料が36.8％と最も多く、次いで軽油
の27.3％、重油19.1％、揮発油10.5％、灯油3.8％、LPG 2.4％である。

　鳩間島は面積1.01 km²の八重山諸島の有人島では最も小さく、人口も
61人である。主要産業は漁業で、電力は石垣市から海底ケーブルで供
給されている。燃料使用量は8トンと最も少なく、燃料種別の割合は
LPGが45.9％、次いで重油の31.7％、軽油12.7％、揮発油7.6％、灯油
2.5％である。

　小浜島は面積8.14 km²、人口484人の島で特定施設として製糖工場と
リゾート施設がある。燃料使用量は7,533トンで石垣市に次ぐ消費量で
ある。燃料種別の消費割合はバガス燃料が88.2％と圧倒的に多く、次い
で重油と軽油がそれぞれ4.4％、揮発油1.8％、LPG 0.8％、灯油0.4％で
ある。

黒島は面積9.83 km²で、人口は212人の島である。島の主要産業は畜産からなり、電力は石垣市から海底ケーブルで供給されている。年間の燃料使用量は231トンで、燃料種別の消費割合は重油が45.5%を占め、次いで軽油の35.5%、揮発油7.8%、灯油6.0%、LPG 5.2%である。

　新城島は上地島（面積9.83 km²）と下地島（面積1.55 km²）の2つの島からなり、人口は11人が住んでいる。主要産業は畜産だけで、電力は石垣市から海底ケーブルで供給されている。年間の燃料使用量は13トンで、燃料種別の消費割合は軽油が97.5%と最も多く、その他に灯油が2.5%である。

　波照間島は有人島として日本の最南端の地にあり、面積12.46 km²、人口約600人余りの島である。特定施設として発電所、製糖工場、アスファルトプラント、酒造所がある。島の主要産業は製糖と観光で、空港も整備されている。年間の燃料使用量は6,179トンで石垣島、小浜島に次いで八重山諸島では3番目に燃料使用量が多い。しかし、燃料種別の消費割合はバガス燃料が67.2%を占め、次いで重油の22.8%、軽油8.2%、揮発油0.8%、LPG 0.5%である。

　与那国島は日本国内の有人島として最西端に位置し、面積は28.52 km²で台湾に最も近く、人口分布も八重山諸島では石垣島、西表島に次いで3番目に多い1,892人が住んでいる。主要産業として製糖、漁業及び観光で特定施設として発電所、製糖工場、アスファルトプラント、酒造所等の施設があり、空港も整備され定期便が就航している。年間の燃料使用量は4,729トンで、燃料種別の消費割合は重油が49.3%を占め、次いでバガス燃料の29.6%、軽油12.6%、揮発油4.4%、LPG 2.2%、灯油1.8%である。

　八重山諸島でサトウキビの搾りかすであるバガス燃料を除いた重油等の化石燃料に起因するCO_2の発生推定量は年間334,391トンで、その91.8%（306,906トン/年）が海底ケーブルで西表島を含む周辺5島に電力を供給している石垣島が占めており、次いで与那国島の3.1%（10,373トン/年）、西表島が2.0%（6,803トン/年）、波照間島が1.9%（6,329トン/年）で他の5島は0.01〜0.80%（39.2〜2,758トン/年）で

あった[66]。

②ラドン測定手法の検討

　温室効果ガスを計測するためには、観測した大気がどのような経路を辿って到達したものであるかを解析することにより地域的な人為的発生源の影響を受けていないベースラインレベルのデータを取捨選択する事が出来る。その為には観測した時点の気象解析を行うことは当然必要であるが、その他に温室効果ガス以外の大気中の微量物質等を測定分析することにより、それらを指標として観測した大気の経歴をより詳細に知ることが可能となる。その指標の一つとして、放射性ガスのラドンは天然起源であり陸地を発生源とし、海洋からの寄与は極めて少なく、また、半減期が3.8日と短いことから陸地から輸送される大気のトレーサーとして利用可能である。

　波照間モニタリングステーションには高さ約40mのタワーが併設されており、温室効果ガス等の微量成分大気はタワー上約37mの位置から導入管で引き込むことにより、種々のガス成分測定が行えるように計画されている。そのため、地表面から散逸したラドンガスが地上約40mの位置でどの程度まで拡散減衰し影響を及ぼすかを知ることも極めて重要なファクターであり、またラドンガスを温室効果ガス等の指標として用いる場合、時々刻々の変化に対応した計測が可能かどうかを知る事ができる。

　測定器は「ラドンによる国民被ばく線量調査」に用いたアロカ積分型ラドンモニター（GS-201B）を使用した。検出器のCN（硝酸セルロース）フィルム上のアルファ線の飛跡のマイクロフィッシュリーダーで読み取ってのラドン濃度への換算は名古屋大学原子核工学教室の協力を得て行った。

　1991（平成3）年9月から1992（平成4）年10月までは波照間島のバックグラウンド・ラドン濃度[67]を調べる目的から、島の東西南北の方位とモニタリングステーション建設予定地点の樹木を利用し2～3mの高さに設置し、更にモニタリングステーション建設予定地点に隣接し

た波照間空港事務所屋外の計
6カ所にラドンモニターを設
置した。

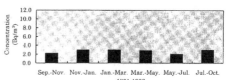

図25　波照間島のバックグラウンド・ラドン
　　　濃度

　図25に示すように波照間
島のバックグラウンド・ラド
ン濃度は1.5〜3.9 Bq/m³の範
囲に分布し、平均濃度は2.6
±0.6 Bq/m³と推定された。この値は沖縄本島中南部地域[53]の屋外平均
ラドン濃度2.9±0.6 Bq/m³にほぼ近い濃度であり、しかも標準偏差が小
さいことから測定点毎の地域差が少なく、また年間を通した濃度変動も
少ないことが推察された。季節的には夏季は海洋性気団の影響を受けて
平均濃度も2.1 Bq/m³と低くなる傾向がみられ、秋から春にかけての平
均濃度は2.9〜3.0 Bq/m³と僅かに高くなる季節変動を示した。

③ステーションタワーを利用したラドンの高度分布調査

　1992（平成4）年3月にステーション建屋が完成し、隣接して高さ
約40mの鉄骨のタワーが併設された。ステーションでの温室効果ガス
等の微量成分大気はタワー上約40m付近の高度を利用して採気管で引
き込むことにより、種々のガス成分の測定が行えるように計画されてい
る。その為、地表から散逸したラドンガスが地上約40mの位置でどの
程度まで拡散減衰して影響を及ぼすかを知る事は重要である。タワーに
はメンテナンス用としてステップが設けられており、ラドンモニター
は階段ステップを利用し8.7m、17.8m、23.5m、35.5mの高さに設置し
地表面からの拡散状況を調べ
た。また、0.15mの位置にも
ラドンモニターを設置し地表
面からの散逸濃度を調べた。

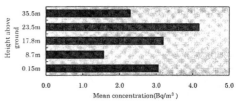

　採気用タワーにおける高
度分布を図26に示した。調
査期間は1993（平成5）年

図26　採気用タワーにおけるラドン濃度の高
　　　度分布

8月から1994（平成6）年2月までと、1994年9月から1995（平成7）年3月まで行った。なお、ラドンモニターの検証のため、第1回目の調査と第2回目の調査期間とではモニターの配置替えを行った[68]。

　地表面0.15mのラドン濃度は1.9〜4.2 Bq/m³の範囲に分布し、平均値は3.1 Bq/m³であった。タワー高度8.7mは0.8〜3.7 Bq/m³の範囲に分布し、平均値は1.6 Bq/m³、17.8mは2.0〜4.6 Bq/m³の範囲に分布し、平均値は3.2 Bq/m³、23.5mは3.0〜5.7 Bq/m³の範囲に分布し、平均値は4.2 Bq/m³、35.5mは1.3〜5.0 Bq/m³の範囲に分布し、平均値は2.3 Bq/m³と分布した。

　ステーションの建設場所として、海岸線近くの表土の浅いサンゴ礁岩盤上に建設されており、地表面0.15mのラドン濃度は波照間島のバックグラウンド・ラドン濃度と推察された。

　タワーの高度分布を検討してみると、地表面から散逸したラドンガスは地上高8.7mまでに拡散減衰するものの24m付近では、逆転層が形成されやすい温度勾配を有し、時として蓋をされた空気層が形成されて対流拡散が妨げられて地表面付近のラドン濃度と平衡状態に近い状況が発生する事が推察された。また、地上高約24m付近を境に気層は地表面から影響を受けやすい下層と上層に分離されやすく、大気採集用吸引口が配列されている上層部は海洋性気団の影響を受ける9〜10月頃は濃度も低く、大陸性高気圧の影響が強くなる1〜3月頃は濃度が増加する季節的な変動傾向がみられることから、移入する気塊との関連が推察された。

　なお、8.7m地点のラドン濃度については、モニタリングステーション周辺の海岸線には、ステーションの屋根の高さほどの3〜4mほどの低木が生い茂っており、低木の影響を受けた風により地表面から散逸したラドンが拡散した現象と推察された。

④波照間島と沖縄本島仮設辺野喜国設酸性雨局におけるエアロゾル（浮遊じん）中のnss-SO₄²⁻とNO₃⁻濃度について

　近年の東アジア地区における経済発展は目覚ましく、人為活動に伴っ

て排出される窒素酸化物（NO$_3^-$）は対流圏オゾンや温暖化ガス等にも影響を及ぼすことなどがよく知られており、観測ステーションにおける観測項目の一つに挙げられている。波照間モニタリングステーション（以下、波照間 St と記す）における人為的発生源の寄与を推定することを目的として、1998 年 8 月から 1999 年 2 月までエアロゾルに含まれる nss-SO$_4^{2-}$（非海塩性硫酸イオン）や NO$_3^-$（硝酸イオン）濃度の調査を実施すると共に比較対象地区として沖縄本島で清浄と目される北部の仮設環境庁辺野喜国設酸性雨局（以下、辺野喜 St と記す）でもエアロゾル中の同調査を 1998（平成 10）年 4 月から 1999（平成 11）年 3 月まで実施した[69]。

　波照間 St ではタワー上約 40 m の地点に ADVANTEC 社製 KP-47H フィルターホルダーに Watman の石英ろ紙（QM-A、47 mm）をセットして内径 8 mm のテフロンチューブを接続して屋内まで配管し、積算流量計を接続したミニポンプで毎分 5 L の割合で吸引した。

　浮遊じん濃度は捕集前後のフィルター重量から、分析はイオンクロマトグラフ法で定量し波照間 St では 4〜6 週ごとに 6 回、辺野喜 St では 4 週ごとに 13 回試料を回収した。

(1) エアロゾル濃度

　調査期間中のエアロゾル濃度は、波照間 St が平均 21±14 µg/m^3（濃度範囲：8.9〜45.3 µg/m^3）に対し辺野喜 St は平均 11±3.3 µg/m^3（濃度範囲：4.8〜19.4 µg/m^3）で、波照間 St に比べ辺野喜 St は約 1/2 ほど低い濃度傾向が見られた。月毎の濃度変化として波照間 St は夏季の 8〜9 月は 8.9〜9.4 µg/m^3 と低く、10 月及び 1 月に 14.2〜45.3 µg/m^3 と高い濃度傾向を示したのに対し、辺野喜 St は年間を通して変動の少ない安定した推移を示し両観測地点で異なった観測相違が見られた。また、辺野喜 St で最大値が観測された 1998 年 3 月 30 日〜4 月 27 日にかけて採取した 19.4 µg/m^3 は 4 月 15 日から 25 日にかけて中国大陸で大規模な黄砂現象がおきており、辺野喜 St で観測された最大濃度は同現象を反映しているものと推察された。

(2) 両観測所の主風向分布

波照間島の地上風は 8 月から 9 月にかけて南から北北東に変化し、10月以降は北北東から北東の風が主風向になる。同様な地上風の風向変化は辺野喜でも見られ、8 月は西南西に対し 9 月以降は北北東の主風向に変化を示す。このような主風向分布の変化は東アジア地区特有の季節風によってもたらされており、夏季の 7 〜 8 月は主として太平洋高気圧の影響を受けた移流気塊がみられ、秋季の 9 月から春季の 5 月にかけて大陸からの移動性高気圧や低気圧、大陸性高気圧の影響を受けた移流気塊の影響がみられる。

(3) エアロゾル中の海塩粒子含量

エアロゾル中に含まれる Na^+ イオンを全て海塩起源とみなし、Na^+ イオンを基準として求めた非海塩性硫酸イオン（nss-SO_4^{2-}）と硝酸イオン（NO_3^-）濃度の割合から両観測所における海塩粒子の寄与を推定してみた。1-(nss-SO_4^{2-}/SO_4^{2-}) 比から推定されるエアロゾル成分への海塩の寄与率は波照間 St のタワー約 40 m 付近で約 14〜35 %（平均 20 %）であった。一方、辺野喜 St は約 4 〜16 %（平均 8 %）で、海岸線に隣接した波照間 St は沖縄本島北部の山林の谷間に位置した辺野喜 St に比べて約2.5 倍海塩粒子の影響を受けており明確な立地条件の違いが判明した。

(4) nss-SO_4^{2-} イオン濃度

調査期間中の平均濃度は波照間 St が平均値 3.6±1.7 μg/m³（濃度範囲：2.0〜6.8 μg/m³）、辺野喜 St は平均値 2.2±1.0 μg/m³（濃度範囲：0.54〜3.5 μg/m³）であった。

両観測所で得られた平均濃度を単純に比較してみると、波照間 St で観測される nss-SO_4^{2-} イオン濃度は辺野喜 St に比べて約 1.6 倍高い傾向を示した。月毎の濃度変化は波照間 St で主風向分布が北から北北東の範囲を示す 9 〜10 月及び 1 月に高い濃度が観測された。辺野喜 St では波照間 St に比べて急激な濃度変化は見られないものの 10 月から 1 月にかけて次第に増加し、その後減少する傾向を示したことから季節風に対応

した東アジアからの移流気塊の影響が両観測所とも考えられた。

⑸ NO₃⁻イオン濃度

　調査期間中のNO₃⁻イオンの平均濃度は、波照間Stでは平均値1.1±0.54μg/m³（濃度範囲：0.50〜2.0μg/m³）、辺野喜Stでは平均値0.26±0.14μg/m³（濃度範囲：0.13〜0.59μg/m³）であった。両観測地点の平均濃度を単純に比較してみると、波照間Stで観測されるNO₃⁻濃度は辺野喜Stに比べて約4倍高い傾向を示した。

⑹ 波照間Stと辺野喜Stにおけるnss-SO₄²⁻濃度とNO₃⁻濃度の相関関係

　図27、28は波照間Stと辺野喜Stで採取したエアロゾル中に含まれるnss-SO₄²⁻濃度とNO₃⁻濃度の相関図である。波照間Stで採取されるエアロゾル中に含まれるnss-SO₄²⁻濃度とNO₃⁻濃度にはr＝0.944と優位な相関関係が認められた。しかし辺野喜Stではr＝0.360となり、両イオン濃度間の相関関係は認められないことから観測ステーションの立地条件の違いが推察された。即ち、化石燃料の燃焼に伴って排出されるnss-SO₄²⁻/NO₃⁻比は一定になることが予想される。酸性雨全国調査結果報告書[70] による降水中の全国平均は約2.4で夏季に比べ、冬季には小さくなる傾向が見られる。

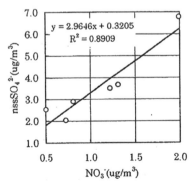

図27　波照間Stで観測される
nssSO₄²⁻とNO₃⁻の相関関係

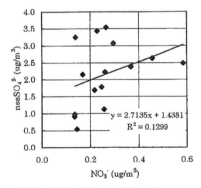

図28　辺野喜Stで観測される
nssSO₄²⁻とNO₃⁻の相関関係

　両観測地点における nss-SO_4^{2-}/NO_3^- 比は、波照間 St で平均3.4±0.9、辺野喜 St では平均9.3±5.6の濃度比がみられた。

　上記 nss-SO_4^{2-}/NO_3^- 比から、波照間 St で観測されるエアロゾルは長距離輸送される間に反応が熟成した一定の濃度比で飛来する気塊が推察され、環境庁国設辺野喜仮設酸性雨観測所で観測されるエアロゾルは比較的近郊で発生した nss-SO_4^{2-}、NO_3^- を含む気塊が考えられた。このように、仮設の国設辺野喜酸性雨観測所は種々の観測データ等から清涼な沖縄本島北部に設置されたにもかかわらず立地条件が観測項目に適合せず、2000（平成12）年に辺戸岬の国立環境研究所辺戸岬酸性雨・大気観測ステーションを統合改修して2001（平成13）年1月から環境省国設沖縄辺戸岬東アジア酸性雨モニタリングネットワーク局として再スタートした。

22. 在日米軍による鳥島射爆撃場における劣化ウラン弾誤射問題での環境調査

　1997（平成9）年2月11日付、沖縄タイムス朝刊一面に「米軍機が劣化ウラン弾誤射、1995年12月〜96年1月、鳥島に1520発」との見出しが躍った。

　内容を精査したところ、1995（平成7）年12月から翌96（平成8）年1月にかけて米海兵隊岩国基地所属の垂直離着陸機・AV8ハリアーが久米島北方の鳥島射爆撃場での実弾発射訓練で、放射性物質である劣化ウランを含有する徹甲焼夷弾1,520発を誤って使用したことを外務省が10日に発表し社会問題へと発展した。

　米側の外務省への説明によると、誤射された徹甲焼夷弾は25mm弾で1発当たり147.4gの劣化ウランを含有、米軍内規では「米本国の特定の射爆撃場のみで使用する」と定められていて沖縄で使用された理由として「不適切な表示」によるものとしている。また、米側は誤射と判明後の96年3月と4月に誤射弾の192発を回収するとともに、専門家チームを現地に派遣して海水、土壌のサンプル調査を実施した結果、微量の放射線が測定されたが米国原子力規制委員会（NRC：Nuclear Regulatory Commission）の規制レベルの10分の1の値であったとの説明であった。

| コラム14 | 劣化ウランとは |

　地球上の岩石、土壌及び海水には広く天然ウランが分布している。天然ウランは原子番号92で、質量数が238のウラン（99.274%）と質量数が235のウラン（0.7204%）及び質量数234のウラン（0.0054%）が存在する。その中で質量数が235のウランだけが核分裂を起こすことから核燃料として使用されている。ただ、原子力発電所等の核燃料として使用

するには3〜5％までウラン235を濃縮する必要がある（原子力百科事典「ATOMICA」）。即ち、天然ウランからウラン235を分離濃縮した残りを劣化ウランと称している。Wikipediaによれば純粋な天然ウラン1mg当たりの放射能が25.4Bqであるのに対し、劣化ウランは1mg当たり14.8Bqで放射能強度は天然ウランの約58％程度である。劣化ウランは比重が約19と大きく、鉄の2.5倍、鉛の1.7倍もあるため、軍事目的以外に航空機の重心微調整用の重りや放射線の遮蔽効果が大きいことから医療用放射線機器等から発生する遮蔽材としても使用されている。

　化学毒性と放射線毒性の発現を摂取量と体内対流時間の要因から推定すると、事故によって一度に多量に摂取し、短期間に発現する急性障害は化学毒性によるもので放射線の影響の寄与は小さいと考えられる。摂取限度として、世界保健機構（WHO：World Health Organization）、国際放射線防護委員会（ICRP）、米国原子力委員会（AEC：Atomic Energy Commission）、米国環境保護庁（EPA：United States Environmental Protection Agency）などの報告では、経口摂取による可溶性ウランは1日当たり体重1kgで0.5〜2μg、吸入摂取では1日当たり2mgと幅がある。これらの基準は腎臓の最大許容濃度3μgU/gから算出されると報告されている[71]。

I　在日米軍による鳥島での劣化ウラン弾の回収及び環境調査

　在日米軍は誤射と判明後の1996（平成8）年3月と4月に、劣化ウラン弾の回収及び環境調査を行うためテキサス州のブルックス空軍基地のアームストロング研究所から保健物理の専門家、放射線安全管理官、生物学専門家、及び生物環境工学専門家の専門家チームの支援を得て、鳥島における劣化ウラン弾の回収作業や海水、土壌及び浮遊じん等の放射能調査を実施している。更に、同調査を評価するために米陸軍健康促進・予防医学センター（CHPPM：Central for Health Promotion and Preventive Medicine, US Army）がアームストロング研究所の作業につい

て独立した技術的評価を要請している。

1）在日米軍による鳥島射爆撃場の環境放射能調査

在日米軍の諮問書（Consultative Letter(CL), AL/OE-CL-1996-0036, Results of Radiation Survey and Soil Sampling at Whiskey 176, Tori Shima, Japan）より鳥島射爆撃場における在日米軍の環境調査について記してみる。

1)-1. 1996（平成 8 ）年 3 月 4 ～ 7 日、及び11日にかけて包括的調査

1996年 3 月 4 ～ 7 日、及び11日にかけて包括的調査として、鳥島射爆撃場における劣化ウラン弾芯の探索及び汚染された砂、土の調査採取を行った。

3 月11日現在、劣化ウラン弾芯1,520発のうち、144発が発見された。また、空のアルミ装弾筒が約50個発見された。このことは、地中深く埋もれているため検出できない弾芯がいくつか存在している可能性があり、更に劣化ウラン弾の大部分は東シナ海中にあるものと推定された。発見された弾芯144発に加え、 1 発が安全化された500ポンド爆弾の外殻にめり込んでおり劣化ウラン弾芯と特定できるが回収不能であった。

1)-2. 1996年 3 月12日から 4 月23日にかけての環境調査

⑴ 海水の採取・分析

3 月12日及び19日に鳥島周辺海域から 8 試料（島の北側、北東側、東側、南東側、南側、南西側、西側、北西側の計 8 試料）、比較対象として沖縄本島から 6 試料（嘉手納マリーナ 2 、トリイステーション 2 、キャンプ・キンザ 2 の計 6 試料）を採取しアルファ線測定でウラン同位体毎の放射能分析を実施。

ウラン238濃度の最大値は1.4 pCi/L（0.05 Bq/L, 4.2 µg/L）、ウラン234濃度の最大値は1.5 pCi/L（0.06 Bq/L, 2.4×10^{-4} µg/L）であり、比較対象として沖縄本島沿岸域で採取した海水の測定結果と比較し異常は認められなかった。

(2) 土壌の採取・分析

3月19日及び4月3日の両日に鳥島から110試料を乱数表で導いて無作為に採取。また、比較対象として鳥島周辺の砂州及び沖縄本島から59試料を採取測定した。採取した土壌は、そのままガンマ線測定によりウラン238の崩壊生成核種であるトリウム234を測定することによってウラン238の放射能濃度を分析。なお、一部の試料についてはCHPPM及びアームストロング研究所生物環境工学部放射線分析部（ブルックス空軍基地）において相互比較を行った。結果としてウラン238濃度の最大値は3pCi/g（0.11Bq/g, 9µg/g）であり、米国原子力規制委員会の定める土壌中の劣化ウラン要除染レベル35pCi/g（1.3Bq/g）より低かった。

＊なお、3月19日現在アルミ装弾筒4個とウラン弾芯2個が発見された。これで、アルミ装弾筒は合計54個、ウラン弾芯は合計146個となった。

(3) 大気浮遊じんの採取・分析

3月5～6日及び11日の3日間、鳥島調査班員の吸入による被ばく管理のため、個人用ポータブル採取器により大気浮遊じんを採取した。採取したフィルターはそのままアルファ線測定に供した。結果は、すべての試料が検出限界以下であり、調査員の内部被ばくは無視できると判断した。

1)-3. 1997（平成9）年3月5日から11日にかけて在日米軍の再環境調査

(1) 劣化ウラン弾の回収

目視及び放射線測定器により新たに劣化ウラン含有弾37発、汚染11地点を発見、回収した。劣化ウランの回収はこの時点で合計229発となった。

(2) 土壌表面の線量率測定

3月11日、日本政府の提案により鳥島の南北（約110m）、東西（約

200 m）をそれぞれ20 m毎の碁盤目状に線引きし、その交点上（62地点）における表面線量率（地面に置いた測定器の計数率）の測定、及び比較対象として嘉手納の10地点の測定を行った。結果、表面線量率は1,220～3,670 cpmの範囲にあり、比較対象地区の嘉手納の測定結果に比べて異常は見られなかった。

⑶ 空間放射線量率の測定

　3月11日、鳥島射爆撃場の62地点と嘉手納の10地点の空間放射線量率の測定を行った。その結果、空間線量率は 6 ～16 μR/h（0.05～0.14 μGy/h）[注釈21] の範囲にあり、比較対象地区の嘉手納の測定結果に比べて異常は見られなかった。

　　注釈21）μR（旧単位でマイクロレントゲン［10^{-6} R］照射線量を表
　　　　　す、現在は新単位のマイクログレイ［μGy］、エネルギーの吸収線
　　　　　量で表す）

⑷ 土壌試料の採取・分析

　3月11日、鳥島から61試料を採取し、比較対象と鳥島周辺の砂州から3試料を採取してウラン238の崩壊生成核種であるトリウム234を測定することによってウラン238濃度を分析。結果として、ウラン238濃度は0.5～2.0 pCi/g（0.02～0.07 Bq/g, 1.5～5.9 μg/g）であり異常は見られなかった。

⑸ 大気浮遊じん（エアロゾル）の採取・分析

　3月5～6日の両日は調査員の吸入による被ばく管理のため、個人用ポータブル採取器により大気浮遊じんを採取しアルファ線測定をした。全ての試料は検出限界以下であり調査員の内部被ばくは無視できると判断された。更に、6～7日の両日にハイボリウム・エアーサンプラーを用いて鳥島の風上、風下3地点に於いて大気浮遊じんを採取測定した。現地で簡易アルファ線測定をした後、アームストロング研究所生物環境

工学部放射線分析支部において詳細なアルファ線測定及びベータ線測定をした。全ての試料は検出限界以下で、劣化ウランの影響は認められなかった。

以上の調査をもって在日米軍は1997年3月25日付で最終報告書（Final Report Concerning The Unauthorized Expenditure of Munition Containing Depleted Uranium at Tori Shima Island, Okinawa Japan, Dec 95-Jan 96, Headquarters United States Forces, Japan, 25 March 1997）を公表した。

同報告書における今後の在日米軍の結論と今後の対応として……。

2）在日米軍の結論と今後の対応

a．鳥島の周囲3マイル（4.8km）は立入制限水域が設定されている。

b．鳥島において劣化ウランの含有弾の使用が禁止されている。

c．鳥島に立ち入りを許可される者は、劣化ウランの危険性についてブリーフを受けると共に、行われる活動に応じて放射線安全に係る訓練を受けなければならない。

d．保健物理的監視は、如何なる回収又は爆破活動についても継続する。

e．鳥島の陸上で活動を行う場合は、嘉手納放射線安全管理官と事前調整を要する。

f．安全性に係る問題を再評価するために定期的な放射線調査を行うプログラムが確立されたとして1996（平成8）年8月23日に鳥島を射爆撃場として通常の活動に再開放している。なお、1997（平成9）年から1999（平成11）年5月までの調査で、在日米軍は1,520発中247発の劣化ウラン弾を回収した。

鳥島射爆撃場における劣化ウラン誤射問題は、1997（平成9）年1月16日に在日米国大使館から日米安全保障課に連絡が入ったようで、2月10日に日米安全保障課が公表した（沖縄タイムス、琉球新報、1997〈平成9〉年2月11日）。例年、米軍に起因する基地問題に悩まされて

いる沖縄県にとって、劣化ウラン誤射問題は鳥島全体の放射能汚染問題となり県民に大きな衝撃を与えた。かつ、米軍から日本政府への通報は1年遅れであり、更に日本政府から沖縄県への通報も2月11日の沖縄タイムス朝刊によれば沖縄県が米誌ワシントン・タイムズの誤射事故を報じた記事を入手してからの事であったようで、ますます在日米軍と日本政府に不信感を持つに至ったようである。

　政府と沖縄県は2月17日の午後、「沖縄米軍基地問題協議会」実務者幹事会を首相官邸で開き、米軍劣化ウラン弾問題で日本側として独自で鳥島射爆撃場周辺の海域や大気、魚類などの調査を海上保安庁の調査船を派遣して県側も加わって急遽来週行う方針で一致した（沖縄タイムス、琉球新報、1997〈平成9〉年2月18日）。当初、県側から著者に調査員の相談がありウラン関連に精通した専門家を推挙したが、琉球政府時代から沖縄の環境放射能調査に携わってきた著者に対して科学技術庁から推挙されているとの話が行政担当関係者からあり、急遽久米島・鳥島射爆撃場における劣化ウラン弾誤射に伴う環境調査に参加することになった。

　また、2月21日には霞が関の科学技術庁で第1回「鳥島射爆撃場における劣化ウラン含有弾誤使用問題に係るデータ評価検討会」が急遽開催された。

　主査は放射線生物学者の市川龍資博士（元放射線医学総合研究所科学研究官）が務められ、岩島清博士（㈱環境管理センター環境基礎研究所長、元国立公衆衛生委員放射線衛生部長）、陶正史博士（海上保安庁水路部海洋汚染調査室長）、長岡鋭博士（日本原子力研究所東海研究所環境安全研究部環境物理研究室長）、中村裕二博士（放射線医学総合研究所第四研究グループ総合研究官）、長屋裕博士（㈶海洋生物環境研究所特別専門家）、中山真一博士（日本原子力研究所東海研究所環境安全研究部地質環境研究室副主任研究員）、成田修博士（動力炉・核燃料開発事業団安全部次長）、沼宮内弼雄博士（㈶放射線計測協会専務理事）、樋口英雄博士（㈶日本分析センター研修・技術部長）、吉田勝彦博士（水産庁中央水産研究所海洋生物部海洋放射能研究室長）、金城義勝（沖

縄県環境保健部衛生環境研究所理化学部研究主幹兼大気室長）の12名
の委員と関係省庁を含めた委員会が開かれた。委員の先生方は科学技術
庁主催の環境放射能調査研究発表会でも海洋、海産生物、食品、環境及
び人体への影響等のそれぞれ日本を代表するスペシャリストで構成され
た検討委員会であった。

　事務局の科学技術庁原子力安全局より、在日米軍の鳥島射爆撃場にお
ける劣化ウランの回収状況や在日米軍が実施した環境放射能調査の報告
書の内容が説明された。引き続き、日本政府として2月24日に鳥島周
辺の海域調査、26日久米島漁協の協力を得て魚類採取、3月7日に日
本政府として予備調査を兼ねて在日米軍の鳥島環境調査に同行、8日に
久米島の予備調査、26日日本政府としての鳥島射爆撃場の環境放射能
調査、27〜28日久米島の環境放射能調査を行う調査計画が決められた。

　以下、調査報告書等から引用してみました。

II　日本政府による鳥島射爆撃場及び久米島周辺海域、海産生物、鳥島射爆撃場環境放射能調査、久米島環境放射能調査[72]

1）1997年2月24日の日本政府による鳥島・久米島周辺海域調査及び海産生物の緊急調査

　同調査は海上保安庁の測量船「明洋（550トン）」で鳥島周辺海域4
地点及び比較対象として久米島西沖の空間放射線量率及び水中の放射線
量率測定をすると共に、同地点で海水中のウラン濃度及びウラン同位体
（$^{234}U/^{238}U$）測定のため表層水並びに水深150m地点で2試料ずつの5地
点、計10試料を採取した。なお、同調査には在日米軍アームストロン
グ研究所第三分遣隊司令官や沖縄県総務部知事公室基地対策課企画官、
沖縄県農林水産部水産試験場主任研究官、沖縄県久米島漁協組合長も参
加いただいた。

　海産生物は久米島漁協共同組合の協力を得て鳥島周辺海域（大型浮き
漁礁周辺及び鳥島と久米島の中間付近）でキハダマグロとソデイカを採

取してウラン濃度並びにウラン同位体の分析を行うことになった。

　鳥島周辺海域の空間線量率は6〜8 cps、比較対象とした久米島西沖も6〜7 cps であった。

　海水中の放射線量率は鳥島周辺海域が3〜4 cps、比較対象地区の久米島西沖も3〜4 cps で空間、海水中の放射線量率に両海域に差異や異常は見られなかった。

　海水、土壌、浮遊じん及び海産生物のウラン濃度、ウラン同位体比の分析は㈶日本分析センターに委託しており、鳥島周辺海域で採取した表層（4試料）並びに水深150 m（4試料）の海水試料のウラン濃度は3.2〜3.3 μg/L（1 L 当たり3.2〜3.3 μg［0.0000032〜0.0000033 g］）、^{234}U/^{238}U のウラン同位体比は1.09〜1.19で比較対象として採取した久米島西沖のウラン濃度は3.2 μg/L、^{234}U/^{238}U のウラン同位体比も1.13〜1.16でウラン濃度及び^{234}U/^{238}U のウラン同位体比共に、両採取地点の海水試料中の結果は気象研究所の杉村行勇博士らの調査した太平洋全域に跨る海水400試料[73]のウラン濃度2.82〜5.90 μg/L 及び^{234}U/^{238}U 同位体比1.02〜1.28と比較して異常はみられなかった。

　久米島漁業協同組合の協力を得て鳥島周辺海域（大型浮き漁礁周辺及び鳥島と久米島の中間付近）で採取購入したキハダマグロとソデイカのウラン濃度並びにウラン同位体比は ICP-MS（誘導結合プラズマ質量分析装置）による5回測定でのウラン平均濃度は1 kg 生重量当たりキハダマグロが0.045±0.003 μg、ソデイカは0.37±0.01 μg であった。一方、比較対象地点として小笠原東方で採取したキハダマグロ0.062±0.005 μg、伊豆・小笠原海溝東方で採取したソデイカ0.25±0.01 μg で、同位体比は両海域で採取したキハダマグロ、ソデイカとも同位体毎の放射能値が検出限界以下のため計算不能との事であった。

　放射線医学総合研究所海洋放射生態学研究部の石井紀明博士らが太平洋沿岸域に生息する約200種の海産生物のウラン濃度を測定し、種別毎に取りまとめた文献値[74]によれば、魚肉中のウラン238濃度は0.076〜0.89 μg/kg 生（平均0.37±0.22 μg/kg 生）の範囲にある。また、頭足類の可食部である腕や胴筋肉中のウラン238濃度は魚肉と同じレベルで

1 µg/kg 生である。これに対し、肝臓、顎、エラ心臓ではかなり高く、特にマダコのエラ心臓では5,000 µg/kg 生（5 mg/kg 生）と異常なほど蓄積されるようで、鳥島周辺海域で採取されるキハダマグロやソデイカのウラン濃度は太平洋沿岸域で採取される海産生物の範囲以内であった。

　以上の事象から、2月24日に調査した鳥島周辺及び久米島での空間放射線量率、海水中の放射線量率、ウラン濃度及び同位体比並びに海産生物中のウラン濃度、同位体比に劣化ウランの影響は推察できなかった。

2）3月7〜8日の日本政府による鳥島射爆撃場及び久米島の予備調査

　在日米軍アームストロング研究所第三分遣隊司令官他職員を含め、日本政府側は科学技術庁原子力安全局核燃料規制課長、科学技術庁参与（日本原子力研究所東海研究所環境安全研究部環境物理研究室長）、科学技術庁参与（動力炉・核燃料開発事業団安全部次長）、科学技術庁参与（㈶海洋生物環境研究所特別研究専門家）、外務省北米局日米安全保障条約課、那覇防衛施設局施設部企画課連絡調整室長、日本分析センター職員4名及び沖縄県を代表して著者が参加した。

　嘉手納空港から出発に先立ち、米軍からブリーフィングがあり、先行して5日から6日にかけて在日米軍が行った環境調査で劣化ウラン弾30発が回収されたとの報告があり、鳥島上陸後の調査の際は在日米軍調査団の後方からついて来て貰いたい。更に不発弾の存在が十分考えられるので、不発弾を見つけた場合は米軍側に連絡する。また、小用の際も単独行動は慎んで、米軍側にエスコートさせてもらいたい。なお、調査のための特別な防護服とか防護マスクはこれまで行ってきた米軍側の環境調査から必要ないとのことで、調査団には大変気を使った内容であっ

写真9　鳥島射爆撃場全景写真
（南側の石灰岩域及び潮間帯の岩場を望む）

た。

　嘉手納飛行場から在日米軍アームストロング研究所の職員（米軍の説明によれば、保健物理の専門家、放射線安全管理官、生物学の専門家、及び生物環境工学の技術者等で構成されているとの事であった）や不発弾処理班の職員等でチーム編成された米軍側チームと二機のヘリコプターで飛び立ち約30分程度で鳥島射爆撃場へ着いた。鳥島に着いて最初に感じたことは、サンゴ礁の平面的な数百平方メートルほどの小さな島で、緑が全く見えない一面礫に覆われた不毛の地のように見えた。しかも、礫の地表面の所々に錆びた矢のように突き刺さった模擬弾が見られ、島の北側の小高い丘に面した斜面まで模擬弾が突き刺さっている風景であった。

　我々、日本政府調査団を乗せてきたヘリコプターが着地した島の南側の平坦部で、米軍はスーツケースのようなトランクから調査用測定器の機器類を取り出し組み立てが始まった。米軍が劣化ウラン探索用に使用した調査機器は FIDLER（Field Instrument for the Detection of Low Energy Radiation：低エネルギー放射線屋外検出器）と称する、特殊な携帯用の放射線検出器であった。FIDLER は計測部と検出器から構成されており、計測部は首から胸にかけて吊るして線量率を直読できる構造で、検出器には直径7インチ（約18cm）のヨウ化ナトリウムと光電管が高さ約30cm ほどのハンドル付き円筒形ステン容器に収納されており、ケーブルで計測部と接続されていた。

　低エネルギー放射線屋外検出器として、同大型ヨウ化ナトリウムのシンチレーション検出器の接続された測定器等が今回の調査で使用された。更に同機器類の検出感度は約10インチ（約25cm）の深さまで埋まった劣化ウラン弾の探知が可能であり、比較的短期間に広範囲の汚染を調べる事が出来るとの説明であった。

　鳥島での劣化ウラン探索は、最前列に爆発物処理班の3名を先頭に、その後方にアームストロング研究所の放射線測定専門家が約2m間隔で5人横一列に並んで、島の西南側から西北側へ、西北側では少し東にスライドして北側から南側へと順次島の東側までスクリーニングする調

写真10　鳥島射爆撃場での劣化ウラン探索風景

写真11　在日米軍が劣化ウラン探索に使用し
　　　　た大型ヨウ化ナトリウム検出器

写真12　回収した劣化ウラン弾と突き刺さっ
　　　　て出来た土壌穴

写真13　鳥島北側丘の南側斜面に突き刺さっ
　　　　た500ポンド模擬爆弾

写真14　模擬爆弾に貫入している未回収の劣
　　　　化ウラン弾芯付近の汚染土壌の採取

査方法であった。

　鳥島射爆撃場での予備調査は著者にとっても予想された劣化ウランの
探索方法であったが、初めて見る核兵器事故を想定した特殊な検出器類
は大変参考になった予備調査でもあった。

　また、在日米軍は島の中央付近で大気中の浮遊じんの採取等も行って
いたが、後日の日本政府の調査時に異常は認められなかったとの報告で
あった。

3）3月26〜28日の日本政府による鳥島射爆撃場及び久米島の環境放射能調査

　3月7日の在日米軍の鳥島射爆撃場における劣化ウラン弾探索と環境放射能調査に予備調査の形で日本政府調査団は立ち会わせてもらった。その予備調査の結果を基に3月11日に科学技術庁原子力安全局で「第二回データ評価検討会」を開き、日本政府による鳥島射爆撃場や久米島での環境放射能調査を3月26〜28日にかけて実施し、在日米軍にも協力をお願いすると共に調査方針を下記の通り決めた。

①地上の放射能汚染調査として、鳥島射爆撃場を20m四方の碁盤目状に線引きしてそれぞれで空間放射線率の測定をすると共に、土壌試料を採取してウラン分析を行う。

②大気中の浮遊じんを採取してウラン分析を行う。

③島の東西南北方向で海水及び海産生物を採取しウラン分析を行う。

④比較対象としての久米島においても、広域に土壌の採取及びウラン分析、空間放射線測定、浮遊じんの採取ウラン分析、及び海水、海底土、並びに海産生物を採取しウラン分析を行う事を決定した。

3-1　鳥島射爆撃場の環境放射能調査

　図29は3月26日に鳥島射爆撃場の環境放射能調査を実施した際、島を20m×20m間隔で縦100m、横200mをメッシュ状に米軍がロープを張って仕切って準備してくれていた図で、メッシュの交点等で空間線量率の測定及び土壌を採取した。大気浮遊じんは島の中央地点で、海水は島の東西南北の4地点で採取した。海産生物は鳥島射爆撃場と隣接した砂州とのリーフ間の水路で採取した。また、鳥島射爆撃場北側丘の裏斜面の下の潮間帯潮だまりで米軍により劣化ウラン弾芯1個及びアルミキャリア3個が回収された（図北側の劣化ウラン弾回収地点参照）。鳥島北側丘の南斜面に模擬弾に貫入している未回収の劣化ウラン弾芯（米

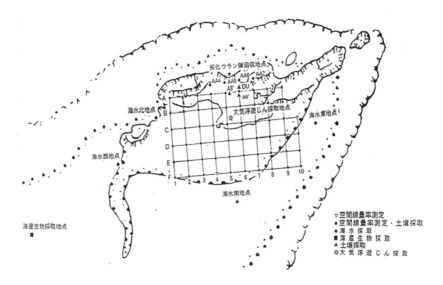

図29　鳥島射爆撃場における環境放射能調査の試料採取及び DU は劣化ウラン弾の
　　　貫入した500ポンド模擬爆弾の位置を示す

(劣化ウラン含有弾の誤使用問題に関する環境調査の結果について、平成9年6月
19日鳥島射爆撃場における劣化ウラン含有弾誤使用問題に関するデータ評価検討
会、科学技術庁原子力安全局)

軍が劣化ウラン弾誤射に気付いた1996年3月の探査時に発見したが、
模擬弾の外殻に劣化ウランがめり込んでいたため現在回収方法を検討中
とのこと）の近傍約50cmの範囲内に黄緑色の劣化ウラン汚染土壌があ
り、周辺土壌より僅かに高い放射線量率を示した（DU 付近：写真14）。

3-1-1　空間放射線率

　鳥島射爆撃場を20m×20mメッシュで区切った62地点の空間放射線
量率は0.011〜0.024μGy/h、平均値は0.017±0.03μGy/h であった。比較
対象として測定した久米島6地点（①具志川村五枝の松近く高度40m
地点、②具志川城址、③自衛隊レーダーサイト、④久米島北側海岸〈仲
里村〉、⑤黒岩森城〈仲里村〉、⑥たたみ石〈仲里村〉）の空間線量率は
0.009〜0.049μGy/h で平均値は0.030±0.017μGy/h であった。

著者らは全国的なバックグラウンド放射線測定の一環として、科学技術庁放射線医学総合研究所との共同研究で昭和48〜49（1973〜1974）年に沖縄県内の各市町村の小学校の校庭を使用させていただき環境放射線率測定を国頭村から糸満市まで行った[75]。その当時の沖縄本島内の環境放射線量率の平均値は0.081±0.012μGy/hで、今回の鳥島射爆撃場の平均値0.017±0.003μGy/h及び久米島6地点の平均値0.030±0.017μGy/hは沖縄本島内の平均値の約1/5〜1/3とみなされた。鳥島射爆撃場の空間線量率の低い原因として、天然ウラン濃度の低いサンゴ礁質の土壌（礫）が考えられた。

3-1-2 鳥島射爆撃場及び久米島の土壌のウラン分析値
①鳥島射爆撃場の土壌ウラン分析値

鳥島射爆撃場は20m毎に区切った碁盤目状の交点から56点の土壌を採取した。更に劣化ウラン含有弾の掃射の標的となった北側丘の南斜面から8試料、うち模擬弾に貫入している劣化ウラン弾芯近傍の土壌1試料（DU）や深度分布測定用（A-6'、0-2cm, 2-5cm）で採取した試料を含む。また、射爆撃場の西側に位置する砂州から参考試料として5試料（No. 8）を採取した（図30）。

鳥島射爆撃場の大部分を占める平坦部（A5, A6地点を除く、A1〜F10地点まで）で採取した土壌のウラン濃度は1.3〜1.8μg/g乾土（平均1.6±0.1μg/g乾土）、$^{234}U/^{238}U$ のウラン同位体比も1.08〜1.16であった。これら平坦部のウラン濃度は旧国立公衆衛生院の山県登博士らの日本各地の土壌に含まれるウラン濃度0.26〜2.89μg/g乾土の報告値[76]、及び世界各地の土壌のウラン濃度[77] 0.9〜4.2μg/g乾土（平均値：2.1μg/g乾土）の範囲内であった。しかし、AA4〜AA7及びA5, A-5', A6, A-6'（0-2cm, 2-5cm）の深度で北側丘の南斜面で採取した土壌試料のウラン濃度は1.6〜9.6μg/g乾土（平均3.7±0.1μg/g乾土）と平坦部に比べて一部の試料に僅かながら高い値が検出された。一般的に、環境の放射線量率は空間線量率測定の項でも述べたように地質によって大きく異なる。

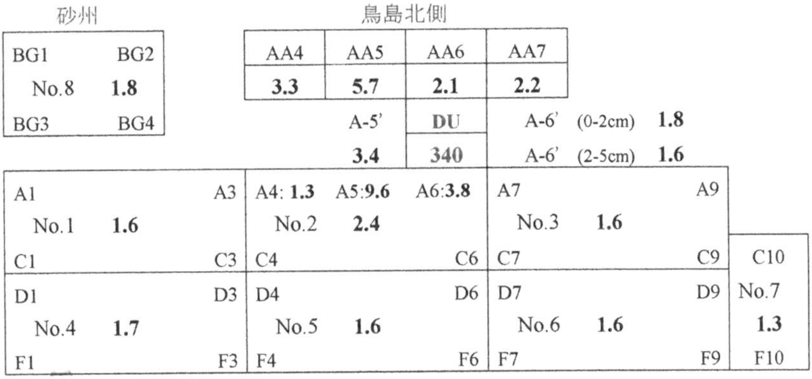

砂州　　　　　　　　　鳥島北側

BG1	BG2
No.8	**1.8**
BG3	BG4

AA4	AA5	AA6	AA7
3.3	**5.7**	**2.1**	**2.2**
A-5'	DU	A-6' (0-2cm)	**1.8**
3.4	**340**	A-6' (2-5cm)	**1.6**

A1		A3	A4: **1.3**	A5:**9.6**	A6:**3.8**	A7		A9
No.1	**1.6**		No.2	**2.4**		No.3	**1.6**	
C1		C3	C4		C6	C7		C9	C10
D1		D3	D4		D6	D7		D9	No.7
No.4	**1.7**		No.5	**1.6**		No.6	**1.6**		**1.3**
F1		F3	F4		F6	F7		F9	F10

図30　鳥島射爆撃場における乾燥土壌 1 g 当たりのウラン濃度（μg：マイクログラム〈10⁻⁶g〉）

（劣化ウラン含有弾の誤使用問題に関する環境調査の結果について、平成 9 年 6 月19日鳥島射爆撃場における劣化ウラン含有弾誤使用問題に関するデータ評価検討会、科学技術庁原子力安全局）

平坦部の A1〜 F10地点は礫状の明らかにサンゴ礁の石灰岩からなる地質に対し、標的とされた鳥島北側丘の南側斜面（AA4〜 AA6）は粒度の細かな灰色の細砂状であり、当然採取土壌試料の違いによるウラン濃度の差も推察されたが、ウラン分析の結果から $^{234}U/^{238}U$ のウラン同位体比が0.39〜1.08と天然ウランの同位体比（約1.0）に比べ低い値を示す試料が多く、AA7地点を除く AA4, AA5, AA6, A-5, A-6試料には平坦部の土壌に含まれている天然ウラン濃度の約1.3〜 5 倍程度の劣化ウランの影響が推察された。

　また、米軍側が回収方法を考慮中と説明していた500ポンド模擬弾に貫入し外殻にめり込んで回収できなかった未回収の劣化ウラン弾芯の近傍で採取した土壌（DU）のウラン濃度は340μg/g 乾土と、島の平坦部の土壌平均値の約213倍、自然界に分布する土壌平均値2.1μg/g（1977年国連科学委員会報告書）[77] の約162倍の劣化ウラン混入土壌を目分量で約10〜20 kg 回収した（著者には、劣化ウラン弾による土壌の汚染状況を日本政府調査団に見せるために敢えて回収していなかったように思われた）。

146

　2011（平成23）年発行の「新版・生活環境放射線（国民線量の算定）」[78] によると、日本人の自然界から受ける年間の平均放射線量は2.1 mSv（ミリシーベルト：放射線による被ばく量を表す単位で線量当量という）である。年間の平均放射線量には宇宙線や大地から受ける外部放射線被ばくと、呼吸や飲食物から体内に取り込まれる内部放射線被ばくから積算されており、我々は日々の生活の中で宇宙線から0.3 mSv/y（年間0.3ミリシーベルト）、大地から0.33 mSv/y の計0.68 mSv/y の自然放射線を外部環境から1年間で浴びている。

　今回、未回収の劣化ウラン弾芯が貫入した500ポンド模擬弾の近傍から採取・回収したウラン濃度340 μg/g 乾土の土壌から受ける外部放射線量は年間0.14 mSv と計算され、我々が大地から日常受けている外部放射線量の約1/2と見積もられた。なお、在日米軍の鳥島の環境調査結果も日本政府の調査結果の範囲内であった。

コラム15 ｜ 国連科学委員会報告書

　1950年代初頭に頻繁に行われた核実験の環境影響及び人間への健康影響を世界的に調査するため、1955年12月に国際連合に原子放射線の影響に関する国連科学委員会（United Nations Scientific Committee on the Effects of Atomic Radiation：UNSCEAR）が設置された。その後、大気圏内核実験の縮小に伴い、調査対象を放射線に係わる人類と環境への重要事項すべてとして、自然放射線、人工放射線、医療被ばく及び職業被ばくからの線量評価、放射線の身体的・遺伝的影響とリスク推定に関する最新の情報を包括して適宜詳細な報告書として刊行している。この報告書は ICRP（国際放射線防護委員会）への基礎資料となる一方、世界の関係者の重要な拠り所となっている（原子力百科事典「ATOMICA」）。

②久米島の土壌ウラン分析測定値

　比較対象として調査した久米島では、鳥島射爆撃場との幾何学的位置を考慮して6地点で7試料の土壌を採取した。

図31　久米島における空間線量率測定、土壌、海水、海産生物及び大気浮遊じんの
　　　採取地点

（劣化ウラン含有弾の誤使用問題に関する環境調査の結果について、平成9年6月
19日鳥島射爆撃場における劣化ウラン含有弾誤使用問題に関するデータ評価検討
会、科学技術庁原子力安全局）

　久米島の土壌中のウラン濃度は③レーダーサイト（宇江城城址）で
採取した0.23 μg/g乾土〜⑥畳石で採取した2.8 μg/g乾土の範囲であっ
た。また、$^{234}U/^{238}U$ のウラン同位体比も1.02〜1.36と山県登博士らの報
告値[76]や1997年国連科学委員会報告書[77]の文献値の範囲内で異常は認
められなかった。

3-1-3　大気浮遊じんのウラン濃度

　大気中の浮遊じん試料は鳥島射爆撃場では島の中央で、久米島では
レーダーサイトのある標高310mの宇江城城跡と鳥島に最も近い地理的
条件に位置する字比屋定の北側海岸の2地点で採取した。

鳥島のウラン濃度は 1 m³ 当たり 4.6×10⁻⁵ µg/m³、比較対象としての久米島では 1.3〜4.7×10⁻⁵ µg/m³ であった。世界各地の土壌のウラン濃度の平均値から見積もられる大気中のウラン濃度は 2.1×10⁻⁴ µg/m³（1977 年国連科学委員会報告書)[77] と比べて、1 桁低い値であった。その理由として、鳥島、久米島の両島とも四方を海に囲まれた比較的小さな孤島であるため、天然ウランを含む浮遊じんの少なさに依ることが考えられた。

また、²³⁴U/²³⁸U のウラン同位体比を求めるにあたって、ウラン濃度が極めて低いことから㈶日本分析センターでは同位体毎の放射能値が検出限界以下で求めることはできなかったと述べている。

なお、「新版・生活環境放射線（国民線量の算定)」[78] によると我々は日常生活を営むにあたって、自然界から受ける年間 2.1 mSv の被ばく線量のうち約 1/4 に当たる 0.48 mSv が呼吸によって取り込む大気中のウランの崩壊生成によって形成される娘核種のラドン等による内部被ばく線量とされている。

3-1-4 海水中のウラン濃度

鳥島射爆撃場では東西南北の潮間帯域から 4 試料を採取した（図29）。久米島では鳥島射爆撃場に最も近い字比屋定の北側海岸と島の南側海岸の 2 地点で採取した（図31）。

鳥島射爆撃場海水のウラン濃度は 3.5 µg/L、²³⁴U/²³⁸U のウラン同位体比も 1.08〜1.18 と劣化ウランの影響はみられなかった。比較対象地区の久米島の海水のウラン濃度は 3.4〜3.5 µg/L、²³⁴U/²³⁸U のウラン同位体比も 1.09〜1.13 で劣化ウランの影響は認められなかった。鳥島射爆撃場、久米島で採取した海水試料のウラン濃度及び ²³⁴U/²³⁸U のウラン同位体比は、太平洋全域の海水中のウラン濃度及び ²³⁴U/²³⁸U のウラン同位体比の分析結果をまとめた気象庁気象研究所・地球化学研究部の杉村行勇博士らの文献値[73] のウラン濃度 2.80〜5.90 µg/L の範囲内で、²³⁴U/²³⁸U のウラン同位体比も 1.02〜1.28 と鳥島射爆撃場や久米島の海水に劣化ウランの影響は認められなかった。

3-1-5 海産生物（海藻）のウラン濃度

　鳥島射爆撃場周辺では海産生物は見つからず、鳥島射爆撃場の西側に砂州があり、砂州との間のリーフの水路でかろうじてケコナハダと言う海藻が採取できたが、翌年の1998年度および1999年度の調査からは会計年度初めの5月期に調査を行ったため、鳥島射爆撃場では海藻の採取が出来なかった。このような現象について、久米島漁協さんにお聞きしたところ海藻類は5月頃になると時期的に遅く採取出来なくなるとの話であった。

　鳥島射爆撃場と砂州との間のリーフで採取したケコナハダのウラン濃度は2,000 µg/kg（乾燥重量）、^{234}U/^{238}U のウラン同位体比は1.12であった。また、比較対象地区の久米島南端で採取したケコナハダ、及び久米島と奥武島とに架かる橋の下で採取したアナアオサのウラン濃度は2,400 µg/kg（乾）と380 µg/kg（乾）で、^{234}U/^{238}U のウラン同位体比も1.14〜1.11で日本の太平洋沿岸に生息する約200種の海産生物の種別のウラン濃度をまとめた放射線医学研究所・海洋放射生態学の石井紀明博士らの報告値[74]（ウラン濃度：10〜3,700 µg/kg 乾）に比べても劣化ウランの影響は認められなかった。

　因みに、「新版・生活環境放射線（国民線量の算定）」によると我々は日常生活を営むにあたって、自然界から受ける年間2.1 mSv の被ばく線量のうち食品から摂取される天然の放射性物質によって受ける内部被ばく線量は0.99 mSv で年間被ばく線量の約48％を占める。

3-1-6 第1回鳥島射爆撃場及び久米島の環境調査の総合評価

　1997年1月、在日米軍により沖縄県久米島の北東方向に位置する鳥島射爆撃場で、劣化ウラン弾1,520発の誤射問題の連絡を受け、緊急に日本政府の調査団の一員として鳥島の劣化ウラン弾環境放射能調査に参加した。第1回の鳥島射爆撃場における劣化ウラン弾誤射問題に関する日本政府の環境調査は平成9（1997）年6月19日に「劣化ウラン含有弾の誤使用問題に関する環境調査の結果について」と題し、「鳥島射爆撃場における劣化ウラン含有弾誤使用問題に係るデータ評価検討会」で

検討評価して科学技術庁原子力安全局が事務局となって取りまとめ公表された[79]。

　総合的な評価として、鳥島射爆撃場の空間放射線量率、大気浮遊じん、鳥島射爆撃場周囲の海水及び海産生物に劣化ウランの影響は認められないことが確認された。しかし、鳥島射爆撃場の大部分を占める土壌中に劣化ウランの影響は見られなかったが、劣化ウラン含有弾掃射の標的とされていた鳥島北側丘の南斜面の土壌の一部に劣化ウランが含まれていた。検出された濃度を検討した結果、土壌に含まれる劣化ウランからの放射線の線量への寄与は天然ウランに比べて100分の1程度しかなく、土壌に含まれる劣化ウランから受ける放射線量の影響は十分小さいと考えられた。以上のことから、鳥島射爆撃場は米軍による放射線に係る安全管理が施されていることを考えると、劣化ウランの影響範囲は極めて限られたものであり、鳥島射爆撃場に立ち入ったとしてもその影響はきわめて小さいと結論づけられた。

　更に、劣化ウランの鳥島射爆撃場周辺環境への影響調査として、周辺海域において空間放射線量率、水中放射線量率、海水及び海産生物のウラン濃度を調べた結果、劣化ウランの影響は認められない事が確認された。仮に、未回収の劣化ウランが全て鳥島米軍演習海域の5.5 km、水深約500 mの立ち入り制限区域内の海水中に溶けだしたと仮定した場合（約0.004 μg/L）でも、その量は海水中（国内平均濃度約3 μg/L）の天然ウランの1,000分の1程度と計算された。加えて、この海域は黒潮が流れており、劣化ウランは徐々に海水中に溶けて天然ウランと混ざりあうことが考えられることから劣化ウランの鳥島射爆撃場周辺海域への影響は無視出来るものと考えられた。また、劣化ウランが全てエアロゾル化することは、鳥島射爆撃場での劣化ウラン探索状況で示した通り考えにくいことではあるが、仮に全てエアロゾル化したと仮定して計算した場合でも吸入摂取による線量は自然界から通常受ける線量に比べ0.3%であり、劣化ウランのエアロゾル化による影響は無視できると結論づけられた。

| 自然界の放射線[78]

　私達は日常生活を営むにあたって、空からは宇宙線、大地からは地殻構成元素であるウラン、トリウムやカリウム40等から放出される放射線によって体外から放射線を浴びている（外部被ばく）。

　また、ウランやトリウムの連鎖崩壊によってラドン希ガスやトロン希ガスが発生し大気中に漂っており、私達は呼吸による吸引摂取で体内被ばくを受ける。更に、野菜等の食べ物を通して土壌に含まれるカリウム40やウラン、トリウムの連鎖崩壊で生じる放射線によって体内被ばくを受ける。

　世界平均では年間2.4 mSv（UNSCEAR 2000；国連科学委員会2000年報告書）、日本では年間平均2.1 mSvの自然放射線を受けている。

「新版・生活環境放射線（国民線量の算定）」によれば、体外からの放射線として、宇宙線から0.3 mSv、大地から0.33 mSvの計0.63 mSvの外部被ばく線量を年間に受けている。

　一方、内部被ばくとして①呼吸による吸入摂取としてラドン（^{222}Rn）0.37 mSv、トロン（^{220}Rn）0.09 mSv、喫煙（鉛210〈^{210}Pb〉）、ポロニウム210（^{210}Po）など0.01 mSv、その他（ウランなど）0.006 mSvの計0.476 mSv、②経口摂取として食品から主に鉛210、ポロニウム210 0.80 mSv、炭素14（^{14}C）0.01 mSv、カリウム40（^{40}K）0.18 mSvの計0.99 mSvと合計1.47 mSvの内部被ばく線量を年間受けている。

III　第2・3回の鳥島射爆撃場及び久米島における環境放射能調査

　鳥島射爆撃場においては、米軍による射爆撃訓練が劣化ウラン含有弾の誤使用後も続けられており、劣化ウラン含有弾の地表への露出等が予想されるため、1998（平成10）年は5月2日に、1999（平成11）年は5月6日に米軍による環境放射能調査に同行した。

　1998年5月2日の2年目の第2回鳥島射爆撃場における環境調査で

は、日本政府との環境放射能調査に先立ち4月28〜29日にかけて米軍は不発弾処理作業を実施し、その過程で劣化ウランを2個回収したとの報告があった。更に米軍は放射線測定器により鳥島全体の土壌表面のサーベィ（探索）をした結果、6カ所で6個の劣化ウラン含有弾を、3カ所で劣化ウラン含有弾の破片を回収した。

5月17日から19日にかけては、鳥島射爆撃場・久米島周辺海域及び久米島での環境における劣化ウランの影響調査を実施したが、1997（平成9）年調査と同様に久米島や鳥島射爆撃場周辺の環境中への影響は認められなかった。なお、鳥島射爆撃場及び久米島周辺の海域調査は中城海上保安署の協力を得て、同年度より測定機器等の装備が充実した原子力艦寄港時の放射能調査を実施するモニタリングボート「かつれん」を使用して実施した。

第3回の3年目は1999（平成11）年5月6日に米軍による環境調査に同行調査した。今回の米軍による鳥島射爆撃場の土壌表面の放射能調査でも劣化ウラン含有弾が2個回収された。

このように鳥島射爆撃場の土壌表面の放射能調査による劣化ウラン含有弾探索状況から、鳥島射爆撃場における劣化ウラン含有弾の回収状況は減少しているように推察された。また、鳥島射爆撃場南側斜面に突き刺さっていた劣化ウラン弾芯の貫入していた500ポンド模擬弾は撤去されていて線量率も平常値に戻っていたことを確認した。

5月8日はモニタリングボート「かつれん」による鳥島射爆撃場周辺及び比較対象としての久米島海域の調査を実施した。また、久米島への劣化ウラン影響調査は5月12〜13日にかけて実施した。3年目の第3回調査も1997（平成9）年調査と同様に久米島や鳥島射爆撃場周辺の環境中への影響は認められなかった。加えて、第2、3回の詳細な調査結果についても、平成10年9月9日[80]及び平成12年4月24日[81]付で「鳥島射爆撃場における劣化ウラン含有弾使用に係るデータ評価検討会の報告書」として科学技術庁から公表された。

更に、2001（平成13）年及び2002（平成14）年は久米島への影響を継続して調べるための環境放射能調査を行ったが、1997（平成9）年

から2001年にかけての環境放射能調査の範囲内であることが確認され、久米島における劣化ウラン含有弾の影響は考えられなかった。

　なお、劣化ウラン1,520発中、247発が回収され残りの大部分は鳥島射爆撃場周辺海域に誤射されたと推察された。

　このような経過から科学技術庁はこれまで鳥島射爆撃場及び久米島での劣化ウランの環境放射能調査をした結果、「久米島の環境や一般公衆への健康への劣化ウランの影響は無かった」ことを沖縄県に平成12 (2000) 年4月24日に報告すると共に、久米島でも住民説明会を開いて著者も参加して説明を行った。

　県や久米島町長の要望として、全住民の健康診断実施などを要請されていたが、写真12、14で示したように鳥島射爆撃場での劣化ウランのエアロゾル化は考えられず、周辺の土壌を採取するだけで劣化ウランによる放射能汚染土は除去できたことを説明して同調査は終了する事を了解していただいた（沖縄タイムス、琉球新報、2003〈平成15〉年5月28日）。

参考文献

1) 野木恵一；原子力潜水艦を開発せよ、サンケイ出版、1985
2) 放射線被ばくに関するＱ＆Ａ、放射線医学総合研究所、2012年4月
3) 大里宏二、浅利民弥、千葉洋三、浅利健一、檜山繁、石井実、㈶日本分析化学研究；沖縄におけるバックグラウンド調査について、昭和46年度・第14回放射能調査研究成果発表会論文抄録集、科学技術庁、昭和47年11月24〜25日
4) 沖縄県土地利用基本計画；㈶政策科学研究所、1973
5) ICRPシリーズ2　体内放射線の許容線量；㈶日本放射性同位元素協会、1968
6) 高田純；核爆発災害、医療科学社、2015
7) 三宅泰雄；死の灰と闘う科学者、岩波書店、2014
8) 清水誠；海洋の汚染、筑地書館、1976
9) 宮原誠、国立医薬品食品衛生研究所；ビキニ調査船俊こつ丸・放射性降下物漂う海へ、国立医薬品食品研究所小史第4号
10) 河端俊治、三浦俊之、立川俊、国立予防衛生研究所；まぐろ類の放射能調査、第一回放射能調査研究発表会論文抄録集、科学技術庁、昭和34年10月28日
11) Robert J. List, Weather Bureau Washington, D. C; United States Department of Commerce World-Wide Fallout from Operation Castle, May 17. 1955.
12) 三宅泰雄；日本に降った放射能雨、科学、Vol. 24, No. 8, 1954
13) 山県登；「ビキニ事件から30年」を特集するに当たって、Isotope News 3月号、1985
14) 大塚巌　㈳日本アイソトープ協会；測定装置、Radioisotope, 30巻、記念号
15) 気象庁気象研究所地球化学研究部；環境における人工放射能の研究2007、December 2007、ISSN 1348-3739
16) 田島英三；ビキニ事件と科学者の社会的責任（ビキニ事件から30年特集号）、Isotope News、1984年3月号
17) 小池亮治、気象庁観測部；最近における核実験と放射能観測結果、第4回放射能調査研究成果発表会論文抄録集、科学技術庁、昭和37年11月21－22日

18) Dr. T. R. Folsom and D. R. Young, Scripps Institution of Oceanography (University of California); Silver-110 m and Cobalt-60 in Oceanic and Costal Organisms, Nature, May 22, 1965)   ・

19) 吉田勝彦、水産庁東海区水産研究所；ホワイトビーチ周辺海域における海産生物放射能調査 ― 特にシャコガイの^{60}Co濃度について ―、第18回放射能調査研究成果論文抄録集、昭和50年度、科学技術庁

20) 深津弘子、虻川成司、今沢良章、樋口英雄、㈶日本分析センター；海産生物中の安定及び放射性コバルトの定量、第21回放射能調査研究成果論文抄録集、昭和53年度、科学技術庁

21) 金城義勝、下地邦輝、大山峰吉；沖縄県沿岸域に棲息する貝類中の放射性コバルトについて、沖縄県公害衛生研究所報、1987

22) Radiological Survey of Food, Soil, Air and Groundwater at BIKINI Atoll, 1972, By Oliver D. T. Lynch, Jr. U. S. Atomic Energy Commission

23) 山本政儀　金沢大学教授；ビキニ原爆被災事件から半世紀：今思うこと、IPSHU研究報告シリーズ41号、広島大学平和研究センター、2009–01

24) 鈴木頴介、独立行政法人水産総合研究センター；環境放射能における謎、ビスマス–207（Bi 207）、中央水研ニュースNo. 26、2001

25) 山県登編著；生物濃縮、産業図書、1978

26) 百島則幸、志岐敦、高島良正、槇孝雄*、郡山宗晏*、下薗清香*、今村博香*、中俣宏二郎*、九州大学理学部化学教室、*鹿児島県環境センター；九州産のイガイに含まれる放射性および安定コバルト、Radioisotopes, 34、1985

27) 百島則幸、高島良正、中山祐輔*、九州大学理学部化学教室、*愛媛大学工学部工業化学科；イルカ組織に含まれる放射性、非放射性核種濃度、Radio isotopes, 30、1981

28) 深津弘子、樋口英雄、㈶日本分析センター；海産生物中の放射性コバルト、銀およびその安定元素について、放射線科学、Vol. 28, No. 9, 1985

29) V. F. Hodge, T. R. Folsom, D. R. Young, Scripps Institution of Oceanography, La Jolla, Calif., United Stated of America.; As Estimated from Studies of a Tuna Population, IAEASM-158/15, 1973

30) 猿橋勝子、三宅泰雄、杉村行勇、気象庁気象研究所；中共の核実験による放射性フォールアウトについて、第6回放射能調査研究成果論文抄録集、昭和38年度、科学技術庁、昭和39年11月27–28日

31) 金城義勝、宮国信栄、洲鎌久人；沖縄県における放射能調査、第16回放射能研究成果論文抄録集、昭和48年度、科学技術庁、1974

32) 金城義勝、宮国信栄、洲鎌久人；第16回中国核実験の影響について、沖縄県公害衛生研究所報、9.1976

33) 金城義勝、宮国信栄、比嘉豊次；沖縄県における放射能調査、第20回環境放射能調査研究成果論文抄録集、昭和52年度、科学技術庁

34) 金城義勝、宮国信栄、本成充、比嘉豊次；沖縄県における放射能調査、第21回環境放射能調査研究成果論文抄録集、昭和53年度、科学技術庁

35) 金城義勝、宮国信栄、棚原朗；沖縄県における放射能調査、第23回環境放射能調査研究成果論文抄録集、昭和55年度、科学技術庁

36) 昭和37年度「原子力白書」昭和38年7月、原子力委員会

37) 金城義勝、沖縄県公害衛生研究所；幻の放射線「原子力巡洋艦"ロングビーチ寄港に伴う放射線漏洩について」、Isotope News、1980

38) 原子力軍艦放射能調査実施要領、昭和47年5月、科学技術庁原子力安全局

39) 金城義勝、大山峰吉、吉田朝啓、外間惟夫、長嶺弘輝、洲鎌久人、宮国信栄、沖縄県公害衛生研究所；沖縄県で発生した放射能内蔵磁気コンパス問題について、Isotope News、1984

40) 金城義勝、長嶺弘輝、比嘉尚哉、上江洲求、大山峰吉、宮国信栄；チェルノブイリ原子力発電所事故による放射性降下物の沖縄への影響調査について、沖縄県公害衛生研究所報、21.1987

41) 原子力発電所周辺の防災対策について；昭和55年6月、原子力安全委員会

42) 東郷正美、放射線医学総合研究所；英国の原子力施設より放出された放射性廃液による環境汚染とその影響(I)、放射線科学、Vol. 22, No. 9, 1979

43) 阿部史朗、放射線医学総合研究所；米国スリーマイル島原子力発電所事故(I)、放射線科学、Vol. 22, No. 9, 1979

44) ヨウ素131検出状況；放射能対策本部資料、昭和61年6月4日

45) 飲食物摂取制限に関する指標について；原子力安全委員会、原子力発電所周辺防災対策専門部会、環境ワーキンググループ、平成10年3月

46) 体内放射線の許容量；ICRP Publication 2、日本放射性同位元素協会、1959

47) 須賀新一、市川龍資；防災指針における飲食物摂取制限指標の改定について、保健物理、35（4）、2000

48）Classified Top Secret: H-Bomb Overboard; Newsweek May 15, 1989

49）米空母核兵器紛失事故に係る海洋環境放射能調査；㈶日本分析センター、平成元（1989）年10月

50）山県登；微量元素環境科学持論、産業図書、1979

51）Ionizing radiation: Sources and biological effects; UNSCEAR Report 1982

52）ICRP Publication 26（国際放射線防護委員会勧告）1977；㈳日本アイソトープ協会、㈶仁科記念財団

53）金城義勝、長嶺弘輝、比嘉尚哉、沖縄県公害衛生研究所、阿部史朗、科学技術庁放射線医学総合研究所；沖縄本島中南部地区に於けるラドン濃度について、沖縄県公害衛生研究所、第23号、1989

54）阿部史朗、阿部道子、藤高和信、放射線医学総合研究所、池辺幸正、飯田孝夫、名古屋大学、児島紘、東京理科大学；ラドン等による日本人の国民線量への寄与、日本保健物理学会、23回研究発表会講演要旨集、1988

55）ラドン濃度全国調査最終報告書；平成4〜8年度屋内ラドン濃度全国調査、放射医学総合研究所ラドン濃度測定・線量評価委員会、NIRS-R-32

56）藤本、床次、土井、内山、放射線医学総合研究所、真田、上杉、宮野、高田、日本分析センター；ラドン濃度全国調査、第38回環境放射能調査研究成果論文抄録集（平成7年度）、科学技術庁、平成8年12月

57）古川雅英、床次眞司、放射線医学総合研究所放射線安全研究センター；沖縄県宮古島における空間ガンマ線線量率の分布、保健物理、26（3）、2001

58）古川雅英、科学技術庁放射線医学総合研究所環境衛生研究部；日本列島の自然放射線レベル、地学雑誌Journal of Geography 102 (7) 868–877, 1993

59）ラドン濃度測定調査、平成20年度日本分析センター年報

60）金城義勝、金城里美；降水のpH変動について、第21回沖縄県公衆衛生学会発表抄録集、54, 1990

61）金城義勝（沖縄県環境衛生研究所）、村野健太郎、畠山史郎（国立環境研究所）、秋元肇（東京大学先端科学研究センター）；東アジア地域の大気汚染物質発生・沈着マトリックス作成と国際共同観測に関する研究、環境省地球環境研究総合推進費終了研究報告書、平成11年度〜平成13年度

62）畠山史郎編；大陸規模広域大気汚染に関する国際共同研究（特別研究）、国立環境研究所特別研究報告書、SR-65-2006

63) 金城義勝、比嘉尚哉（沖縄県環境衛生研究所）、村野健太郎、畠山史郎（国立環境研究所）；辺戸岬における降下物の$nssSO_4^{2-}$, NO_3^-, $nssCa^{2+}$, NH_4^+イオンの季節変動及びトレンドについて、第38回大気環境学会、1997. 9

64) H. B. Singh, et all; Low ozone in the marine boundary layer of the tropical Pacific Ocean: Photochemical loss, chlorine atoms, and entrainment, Journal of geophysical Research, Vol. 101, No. DI, p1907–1917, January 20, 1996

65) 竹富町の概要、平成4年度版

66) 金城義勝、長嶺弘輝、比嘉尚哉、与儀和夫（沖縄県衛生環境研究所）、我那覇晃、佐久川春範（沖縄県環境保健部公害対策課）；八重山諸島におけるCO_2発生量の推定、沖縄県衛生環境研究所報、28. 1994

67) 金城義勝*、飯田孝夫（名古屋大学）、比嘉尚哉*、与儀和夫*（*沖縄県衛生環境研究所）；波照間島のバックグラウンド・ラドン濃度、沖縄県衛生環境研究所報、Vol. 31, 1997

68) 金城義勝*、飯田孝夫（名古屋大学）、与儀和夫*、比嘉尚哉*（*沖縄県衛生環境研究所）；波照間島のラドン濃度及びタワー高度分布特性、沖縄県衛生環境所委託研究報告書、1995

69) 金城義勝、友寄喜貴、与儀和夫、平良淳誠、阿部義則；波照間島及び沖縄本島北部の辺野喜におけるエアロゾル中の$nss\text{-}SO_4^{2-}$とNO_3^-濃度について、沖縄県衛生環境研究所報、Vol. 33, 1999

70) 酸性雨全国調査結果報告書、全国公害研会誌、Vol. 20, No. 20, (1995)

71) ウランの健康影響検討専門研究会報告書；日本保健物理学会、2008年4月

72) 金城義勝；鳥島周辺海域及び久米島における環境調査結果について、平成12年度放射能分析確認調査技術検討会、㈶日本分析センター、2001. 03

73) The Uranium Content and the Activity Ratio $^{234}U/^{238}U$ in Sea Water in the Pacific; Yukio Sugimura* and Masaru Maeda**, Geochemical Laboratory, Meteorological Research Institute: Isotope Marine Chemistry, p211–246, 1980.
*: Geochemical Laboratory, Meteorological Research Institute
**: Tokyo University of Fisheries

74) 石井紀明、中原元和、松葉満江、石川昌史、放射線医学総合研究所海洋放射生態学研究部；誘導結合プラズマ質量分析法による海産生物中の^{238}Uの定量、日本水産学会誌、57(5), 779–787, (1991)

75) 阿部史朗、藤高和信（放射線医学総合研究所）、宮国信栄、金城義勝、

洲鎌久人（沖縄県公害衛生研究所）；南西諸島におけるバックグラウンド空間放射線の測定、第18回放射能調査研究成果論文抄録集（昭和50年度）、科学技術庁

76) Terrestrial background radiation in Japan; Noboru YAMAGATA and Kiyoshi IWASHIMA, Health Physics., 13, 1145–8, 1967

77) 放射線の線源と影響（1977年国連科学委員会報告書）；放射線医学総合研究所監修、昭和53（1978）年12月

78) 新版・生活環境放射線（国民線量の算定）；原子力安全研究協会、2011年12月

79) 劣化ウラン含有弾の誤使用問題に関する環境調査の結果について；鳥島射爆撃場における劣化ウラン含有弾誤使用問題に係るデータ評価検討会（科学技術庁原子力安全局）、平成 9 年 6 月19日

80) 劣化ウラン含有弾の誤使用問題に関する環境調査の結果について（平成10年実施分）；鳥島射爆撃場における劣化ウラン含有弾誤使用問題に係るデータ評価検討会（科学技術庁原子力安全局）、平成10年 9 月 9 日

81) 劣化ウラン含有弾の誤使用問題に関する環境調査の結果について（平成11年実施分）；鳥島射爆撃場における劣化ウラン含有弾誤使用問題に係るデータ評価検討会（科学技術庁原子力安全局）、平成12年 4 月24日

お　わ　り　に

　1970（昭和45）年に組織改正により琉球政府厚生局に沖縄公害衛生研究所が設立配属され、2003（平成15）年に沖縄県衛生環境研究所を退職するまでの33年間の調査研究事例等をまとめてみました。

　1968（昭和43）年5月6日、佐世保港における原子力潜水艦「ソードフィッシュ」寄港時の異常値検出問題に端を発し、沖縄でも原子力潜水艦寄港調査に対応するために整備された厚生局公衆衛生部衛生課公害調査室（放射能分室）で原子力潜水艦寄港時の放射能調査を行うようになった。

　しかし、当時の琉球政府は在沖米国民政府の統治機構の下にあり、原子力潜水艦の入出港の通知は在沖米国民政府からの連絡で知らされていた。そのため、原子力潜水艦の入出港調査は基地内での調査のため在沖米国民政府の係官が付き添って行われるのが通例で、時として原子力潜水艦出港後の調査であったりした。

　このような連絡体制が入港予定24時間前の連絡体制に改善されたのは、沖縄の本土復帰に伴って原子力潜水艦の入出港に伴う放射能調査が科学技術庁に移管され、原子力艦（文部科学省になって名称が変更された）の入出港調査に伴った環境放射能調査が沖縄県に委託された時からである。また、本土復帰に伴い原子力艦入出港調査のための調査体制が整備され、放射能測定機器等や収納の為の建屋及びモニタリングポスト等が設置された。このような状況から県内の環境放射能調査が可能となり、琉球政府時のコバルト60問題は1950～1960年代に行われた大気圏内核実験による放射性粉塵が北太平洋海流による黒潮や太平洋高気圧及び低気圧によって運ばれてきた沖縄県の地理的な海洋環境や大気環境によってもたらされた残留放射能等も推察された。

　なお、沖縄県沿岸域で採取したシャコガイ等のコバルト60濃度は、放射性同位元素等による放射線障害の防止に関する法令と照らし合わせ、2,540分の1以下であった。

また、沖縄県の地理的条件は海洋環境のみならず、東アジア地区の大気環境観測でも重要な役割を果たすことが推察された。現在は県内に環境省沖縄辺戸岬国設酸性雨測定局（東アジア酸性雨モニタリングネットワーク局）、国立環境研究所辺戸岬大気・エアロゾル観測ステーション、国立環境研究所地球環境センター波照間地球環境モニタリングステーション、及び気象庁与那国島特別地域気象観測所でも温室効果ガス観測を行っている。

　なお、沖縄の大気環境調査に種々のご指導を頂きました元国立環境研究所の村野健太郎博士、及び畠山史郎博士に改めて感謝を申し上げます。

　同著書は、環境放射能や大気化学等で日頃お世話になった諸先生方のご指導や沖縄県衛生環境研究所大気室の協力の賜物と感謝し記録として残せればとの思いで執筆に至りました。

　国内における環境放射能調査の歴史的経緯を述べるために三宅泰雄博士の著書等からかなり引用させていただきましたことを改めて記しておきたいと思います。

　また、出版にご協力を頂きました東京図書出版編集室の皆様のご支援に改めて感謝申し上げます。

金城義勝

金城　義勝 (きんじょう　よしかつ)

1967年3月　東海大学工学部応用理学科原子力工学卒業
　　　　4月　タクト電気株式会社勤務
1969年12月　琉球政府厚生局公衆衛生課（放射能調査室）採用
1970年12月　琉球政府厚生局公害衛生研究所設立
　　　　　　公害室（放射能分室）
1972年5月15日　本土復帰に伴い沖縄県公害衛生研究所となる
1985年4月　沖縄県公害衛生研究所大気室主任研究員
1991年11月　国立環境研究所客員研究員
1992年4月　国立環境研究所地球環境研究センター
　　　　　　地球環境モニタリング検討委員会委員
1995年4月　琉球大学教養学部非常勤講師
1995年6月　財団法人日本分析センター
　　　　　　全国屋内ラドン濃度水準調査検討会委員
1996年2月　科学技術庁鳥島射爆撃場における劣化ウラン含有弾誤使用に係
　　　　　　るデータ評価検討委員会委員
1998年4月　沖縄県衛生環境研究所、研究主幹兼大気室長
2000年4月　財団法人日本分析センター久米島環境調査検討委員会委員
　　　　　　沖縄県環境影響評価技術指針検討委員会委員
2003年3月　沖縄県衛生環境研究所退職
2004年4月　文部科学省技術参与就任
2006年4月　学校法人沖縄国際大学非常勤講師
2016年3月　原子力規制庁技術参与辞任
　　　資格：1971年11月　第一種放射線取扱主任者

沖縄の海洋環境と大気環境

2024年6月6日　初版第1刷発行

著　　者　金 城 義 勝
発 行 者　中 田 典 昭
発 行 所　東京図書出版
発行発売　株式会社 リフレ出版
　　　　　〒112-0001　東京都文京区白山5-4-1-2F
　　　　　電話 (03)6772-7906　FAX 0120-41-8080
印　　刷　株式会社 ブレイン